U0957637

# 版式设计

主　编　孙晓晨
副主编　王金秋
　　　　俞　亮

上海交通大学出版社
SHANGHAI JIAO TONG UNIVERSITY PRESS

**内容提要**

本书主要介绍了版式设计的基础知识及项目实践。全书分为六章，系统阐述了版式设计的主要目标及基本构成要素，并从文字结构、图形样式、色彩变化、版面网格及版面的综合设计等五大方面对版式设计做了全方位的解构与讲解。本书采用基础理论知识与项目案例解析相结合的编写方式，通过企业画册、广告折页、杂志封面等实践项目，让读者全面、快速地掌握版式设计的相关理论和设计方法在相关传播媒介中的具体应用，本书章后还设置了拓展阅读供读者参考。本书可作为高职院校设计类专业的教材。

**图书在版编目（CIP）数据**

版式设计/孙晓晨主编. —上海：上海交通大学出版社，2025.1. — ISBN 978-7-313-31143-6

Ⅰ. TS881

中国国家版本馆 CIP 数据核字第 2024TT0510 号

**版式设计**

**BANSHI SHEJI**

主　　编：孙晓晨

出版发行：上海交通大学出版社　　地　　址：上海市番禺路 951 号

邮政编码：200030　　电　　话：021-64071208

印　　制：上海景条印刷有限公司　　经　　销：全国新华书店

开　　本：787mm×1092mm　1/16　　印　　张：11

字　　数：228 千字

版　　次：2025 年 1 月第 1 版　　印　　次：2025 年 1 月第 1 次印刷

书　　号：ISBN 978-7-313-31143-6

定　　价：98.00 元

# 前　言

本书是根据“版式设计”这一视觉传达领域的重要基础课程设置，在传承前人教学思想的基础上，结合新时期的专业发展方向和趋势编写的。书中既有作者多年“版式设计”课程教学实践的总结，包含了版式设计的基本核心理念与前沿的设计思维，也集中了多位教学经验丰富的本专业高校教师的集体智慧与经验。

全书采用图文并茂的方式，按照课堂实际讲解的顺序逻辑，在每个大的知识分支内，设置不同的小分支章节，首先讲解核心原理知识，再采用分类解读的方式普及实际设计应用方法，利用实践作业的形式进行深入阐述，并在教授课程主体内容的同时，附加讲解与核心知识点相关的拓展知识，以这样由内而外、相互论证的方式透彻地解读知识点，帮助学习者从更多的角度与层面来理解版式设计的专业知识，并掌握一定的专业设计技能。这样的讲解叙述形式有利于更高效地进行知识点的传播与理解，在这个过程中，全书所有的内容均围绕“实用性”这一最大特点展开，其中大量的设计实例和图表，均来自国内外的实际设计案例以及专业书籍所收录的优秀作品，具有相当广泛的代表性与权威性，所涉及的设计原理部分与设计方法讲解也与设计实践挂钩，以典型类型归纳的方式给出具有针对性和指导性的学习意见。本书适用于国内各级别高等教育院校的艺术设计专业视觉传达方向学生，可作为版式设计课程的教材，同时也可作为视觉传达方向其他专业课程的辅助教材，有利于社会层面设计专业人士与兴趣人群的自学和自我提升。

本书各个章节内所引用的数据、图片及资料均来自作者多年来收集的版式设计方向的专业文献及专著，包括国内外专家、著名设计师所编纂的专业书籍以及不同年代和不同国家的同类型教材与教辅书籍。在本书编纂过程中，作者进行了大量的专业文献查阅与收集，并对国内外专业资料进行了分门别类地整理，将与版式设计相关的知识点逐条收录，对大量的实际设计案例进行了甄别与归类。同时，作者还与多位同行业资深教师和平面设计行业内专业人士进行了多次深入的研讨与交流，他们从不同的观察视角出发，提出了诸多宝贵的意见与建议，为本书结构的完善与定型做出了重要的贡献，再次向他们表示衷心的感谢。另外，还要感谢为本书出版工作付出努力的出版社以及书中所引用的资料案例的作者们，没有他们的付出，就没有本书的顺利面世，非常荣幸能够与他们一起合作完成这部教材！

编 者

2023 年 10 月 15 日

# 目 录

# 第一章

# 版式——为沟通而设计

现代社会沟通无处不在，无时不有。伴随着科学技术的不断发展，现代化的通信手段加快了人们沟通的速度，提高了沟通的效率。在沟通过程中，由于语言、观念、文化背景等方面的差异，人与人之间产生了各种沟通障碍，在随时可以与陌生人做朋友、随时关注他人的时代，个人的情感却备受冷落。这就告诉我们在快速沟通的现代社会，更需要我们去积极探讨恰当的沟通方式，改善沟通技巧，进而最大限度地提高沟通质量。

版式设计指从信息的发布要求（客户需求）、读者（用户体验）视角出发，在既定的版面范围内，运用造型要素和形式法则，进行规划与布局。例如，图 1－1 与图 1－2 的杂志封面与内页设计就是典型的版式设计，而图 1－3 的产品包装设计与图 1－4 的空间标识设计从本质上来说同样属于版式设计。版式设计是视觉传达的重要表现手段，是一种平面视觉语言的组织学问。其意蕴丰富，远非人们看到的那些静止形态那么简单。但平面设计作为现代社会视觉沟通的特殊语言，主要的作用在于以其独有的视觉方式解决人与人之间的沟通问题。它是基于静态的视觉符号，也是一种非人员间的沟通方式。如何建立信息发布者与信息接收者之间的联系，就成为版式设计的主要工作内容。了解信息发布者的愿望，理解信息接收者的阅读习惯，为他们找到并建立双方能够理解的共通的意义空间，这正是版式设计所不断追求的目标。

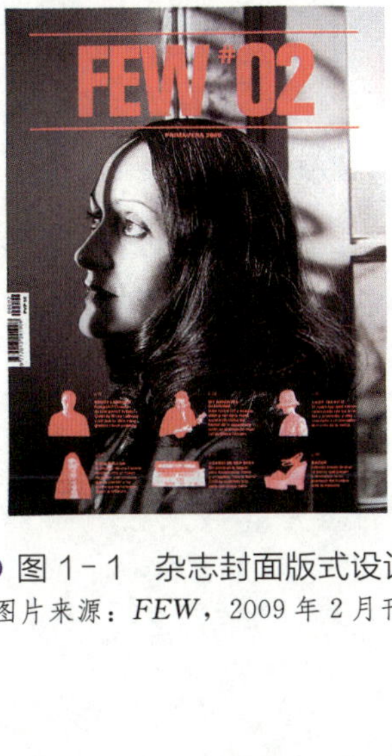
FEW #02

图 1－1　杂志封面版式设计
图片来源：*FEW*，2009 年 2 月刊

22
EPCOT célèbre les exploits de l'Humanité, de la conquête spatiale, et a presque des airs de mini expo universelle
23

图 1－2　杂志内页版式设计
版式设计　设计者：Violaine & Jeremy

图 1-3　电子产品包装中的版式设计
电子产品包装设计　设计者：Firmalt Agency

图 1-4　室内空间中的版式设计
图片来源：葡萄牙 Barroca 博物馆

## 第一节　版式信息的有效表达

### 一、版式设计的沟通过程

沟通就是信息交流，指一方将某一信息或意思传递给另一方，以期取得对方做出相应反应的一个过程。在此过程中双方可以分享彼此的知识和情感，同时也可以消除误会，增进了解。沟通过程如图 1-5 所示。

#### （一）版式设计的沟通要素

##### 1. 信源

信源即信息的来源。在版式设计的沟通过程中，首先要做到的就是了解每一位信息发布者（客户），其次是要明确所发布信息的沟通目标。常见的目标有陈述（说明）、认同（好感）、认识（联系）、暗示（意图）等。

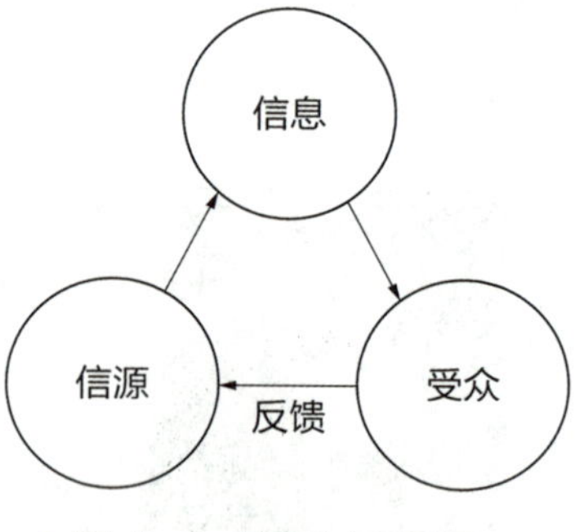


图 1-5　沟通过程图示

##### 2. 受众

受众即信息的接收者。在沟通过程中，受众往往处于被动的地位。即便如此，他们仍拥有绝对自主性，只接收那些他们感兴趣的信息。了解信息接收者的个人特点和信息接收习惯，如年龄、性别、职业、收入、民族、宗教信仰、受教育程度、喜好、习惯、表达方式和文化背景等，对能否达到沟通的目的至关重要。

### 3. 信息

信息是沟通过程中的主体内容。在版式设计中，来自信源的原始信息只有经过提炼加工后，才能转换为可以引起受者兴趣的视觉信息。信息的加工一般包括筛选、判别、分类、排序、分析、转换和表示等过程。

通过版式设计进行有效沟通，设计者必须具备三个要素：第一，了解信息发布者所要发布信息的目标意图（信源）。第二，清楚信息接收者的接受习惯与可能的反应（受众）。第三，构想、组织那些可以被信息接收者所接收和理解的内容（信息）。

有效的信息传播功能是版式设计的核心，而版式设计中各具特色的信息组织方式，比如版式的比例与形状关系、字体与图形的组织结构、承载版式的材料质感和色彩选择，以及印刷方式或呈现方法等也无形地影响着每一位阅读者。如图 1－6 至图 1－9 所示，各具特色、风格鲜明的版式设计都能够成功地帮助信息完成传播。受者则通过不同版式间的检索方法、阅读形式、显示特点以及材料质感的综合感觉，在接收信息的同时，慢慢形成对信息及其载体的总体印象和独特感受。

图 1－6 阅读性的版式设计
杂志版面设计 设计者：Uniforma Studio

图 1－7 指示性的版式设计
图片来源：FORMAT 办公楼导视设计

图 1－8 网页的版式设计
图片来源：POPPR 网站设计

图 1－9 广告中的版式设计
图片来源：丹佛水务公司节水公益广告设计

## 二、版式设计的易读性与可读性原则

版式自身并不是设计的目标，充其量是发布信息的一种手段。将内容永远放在设计的首位，是版式设计存在的唯一价值，一个完美的版式设计，必须能直接表达客户想要表达的信息，同时深入了解、观察、研究与读者相关的特性。在此前提下，设计者须进一步追求如何提高受者的关注度与增强受众的理解力，并将内容与形式的易读性与可读性高度统一，才能达到版式设计的最高境界。

### （一）版式设计的易读性

版式设计的易读性指易于阅读和理解的特性。版式设计的作用恰恰就在于降低读者的阅读压力，处处贯彻便利性原则，用明确清晰的版式语言把信息传递给读者，使版式要素更容易被看到，内容要素更容易被理解。这就要求在版式设计中突出该突出的信息，并暗示内容之间的逻辑关系，注意将信息分类、分级、排序，并且可以引导读者的阅读顺序。同时易读性取决于对读者的阅读习惯的了解和对不同信息所进行的针对性整合，使读者可以按照自己的阅读习惯完成阅读，并从中快速寻找到自己需要了解或感兴趣的信息。简约化、整体性、秩序感已成为版式设计的易读性基本特点，如图 1－10 至图 1－12 所示。

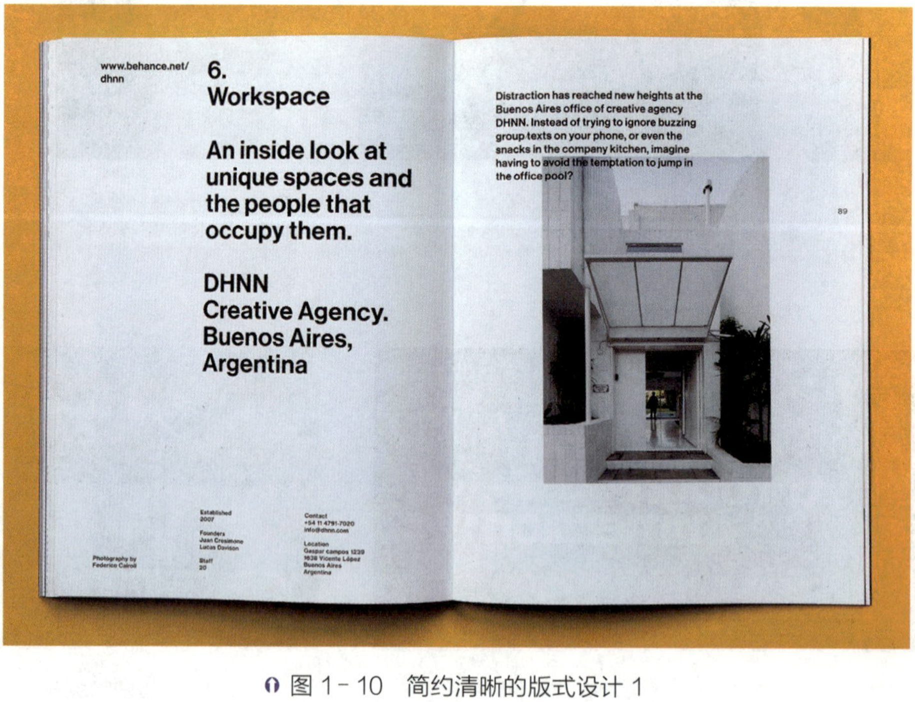
www.behance.net/
dhnn
6.
Workspace
An inside look at unique spaces and the people that occupy them.
DHNN
Creative Agency.
Buenos Aires,
Argentina
Established
2007
Founders
Juan Cresimone
Lucas Davison
Staff
20
Contact
+54 11 4791-7020
info@dhnn.com
Location
Gaspar campos 1239
1638 Vicente López
Buenos Aires
Argentina
Photography by
Federico Cairoli
Distraction has reached new heights at the Buenos Aires office of creative agency DHNN. Instead of trying to ignore buzzing group texts on your phone, or even the snacks in the company kitchen, imagine having to avoid the temptation to jump in the office pool?
89

图 1－10　简约清晰的版式设计 1

杂志版式设计　设计者：Mark Brooks

图 1 - 11 简约清晰的版式设计 2

精品画册设计 设计者：IM Creative

图 1 - 12 具有秩序感的版式设计

家具产品宣传册设计 设计者：Viktoria Batt

## （二）版式设计的可读性

版式设计的可读性指吸引读者的程度。版式除阅读功能以外还具有欣赏价值，版式设计所具有的欣赏价值主要表现在版式的情感与趣味等方面。设想一下，当看到的版式多为单一化且充斥着冷漠的版式语言时，就算其阅读性再强，可能也不会有多少人愿意主动去看。由此可以看出充满人情味的版式语言对版式设计的重要程度。我们可以通过诸如怀旧、关怀、抒情、幽默、寓意等方法来创造自己的个性版式。即使版式本来没有什么可表现的内容，也可以通过制造趣味点来达到吸引读者的目的。大部分的阅读行为都是被动的，读者都希望被吸引，从信息中得到乐趣并有所收益。只有让读者真正产生兴趣，阅读才可能真正地开始。充分调动艺术手段去创造富有情趣和人情味的版式语言不仅仅是为了吸引读者，也更多地体现出对读者的人性关怀。比如可以通过字体的字号变化（见图 1－13），文字、色彩与图形的组合（见图 1－14），或者通过图形突出文字信息的方式（见图 1－15）等，来增强版式设计的可读性。

um handeln
zu können.

图 1－13　通过字体的字号变化突出信息

*Written Lab* 杂志版式设计　设计者：The Kitchen

V!

图 1－14　文字、色彩与图形的组合

杂志版式设计　设计者：Socio Design

ねこさま名鑑
100
オールスターねこ名鑑本。
百猫百色。
SNSで活躍する
ねこさまたちが大集合!

图 1-15 通过图形突出文字信息
猫咪写真图集设计 设计者：Hiroko Sakai

原创性是版式设计的灵魂。要勇于创新，敢于突破。在排版设计中多一点个性，少一些共性，多一点原创性，少一点模仿性，才能创造版式设计的艺术价值。

## 第二节 版式的信息表达方式

版式设计是一种方法，更是一种能力。随着现代科技的发展，原先建立在平面介质之上的设计方法已成为一种跨媒介的信息组织能力。版式设计突破了材料与呈现方式的限制，影响的领域越来越广，表达的方式也越来越多样。从原有的杂志、报纸、书籍、包装、海报、宣传手册乃至导览地图、导向标识牌等传统媒介扩展到了现在的电脑、手机、触媒体、网页、软件、App 等数字媒介的用户界面（user interface，UI）设计。

版式的信息表达方式因媒介的区别大致可划分为静态版式与动态版式两种。

### 一、静态版式

静态版式一般指以印刷方法呈现的版式，它是版式设计中的传统形式（见图 1-16、图 1-17）。静态版式强调的是信息的赋予性，即所表达的信息都是经加工处理后的产物，读者只是信息的“享受者”。“感知”“理解”“接受”是静态版式主要的核心功能。因此，信息的单一、瞬时、形式感是静态版式的基本特征。稳定、封闭、物化是静态版式的必然属性。静态版式还具有反复阅读率高，制作感强与保存时间久的特点。因此，静态版式是一种单向线性的信息表达方式。

图 1-16　静态版式范例 1
企业宣传折页设计　设计者：张勇

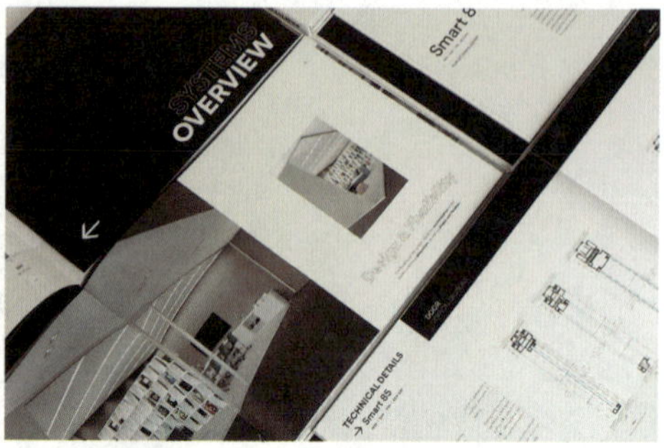


图 1-17　静态版式范例 2
产品目录设计　设计者：Kommigraphics

## 二、动态版式

动态版式一般指借助电子显示器呈现的版式，是将文字、图像、色彩、动画、音频、视频以及网络融为一体的数字媒介。如常见的网页设计（见图 1-18）与 App 交互设计（见图 1-19）都较多地采用动态呈现的方式。动态版式由各种信息模块相互链接，除静态的视觉元素外，更包括了动态的文字、图像、动画、视频等元素。其表现形式为即时性、动态性、层次性和跳转性。交互式是数字媒体版式的主要特点，用户不仅是信息的接收者，更是信息传播的选择者和参与者。动态版式具有虚拟、开放、多维、碎片化等特点。因此，动态版式属于多媒体双向交互式信息表达方式。

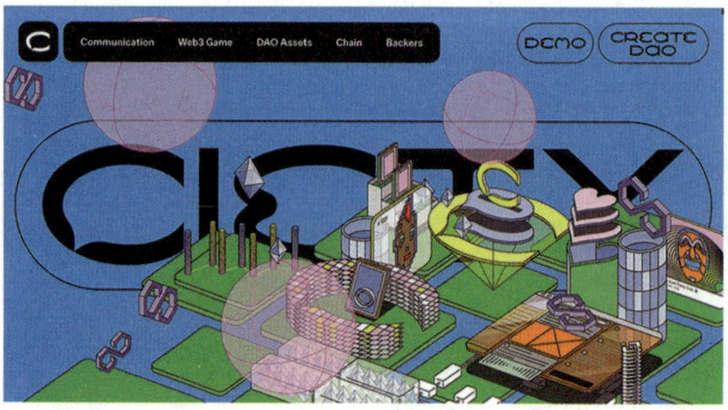


图 1-18　动态版式范例 1
图片来源：CIETY 网站设计

图 1-19　动态版式范例 2
银行 App UI/UX 设计　设计者：Inés Rama

从视觉信息传播的角度来说，虽然不断出现各种新的媒介，信息已从物质形态向非物质形态转变，但基本的信息元素及构成法则仍然是以平面静态版式设计为基础，静态版式与动态版式之间的基本原理是共通的。可以说平面静态版式仍是设计的基础，它们之间永远脱离不了相互依存的关系。

## 第三节 版式设计的构成要素

人们所看到的版面信息都是设计的综合呈现。似乎所有的版式所使用要素都差不多，但表现出的版式情感却各不相同。有的版式表现出一种安静平和的气氛（见图 1-20），有的版式表现出一种活泼欢快的感觉（见图 1-21），而有的版式却透露出一种说不清道不明的离愁别绪。版式设计的关键是什么？是那些我们所能看见的视觉要素，还是那些我们看不见的组织结构？版式设计说到底就是用特定的组织结构来安排视觉要素，或者反过来说，运用视觉要素反映特定的组织结构。

图 1-20 安静平和感版面
海报设计 设计者：Studio K95

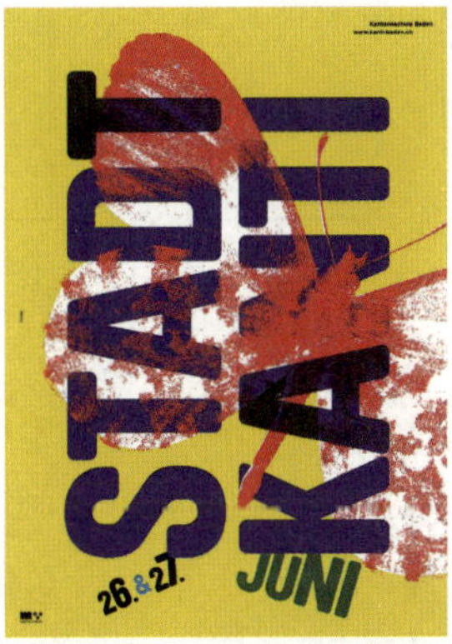


图 1-21 活泼欢快感版面
图片来源：海报设计 设计者：Res Eichenberger

版式的构成要素一般可以按设计的不同角度划分成两类：一类是设计的对象或者叫媒介，也就是设计的页面（界面）；另一类则是版式中的视觉构成要素，一般包含了文字、图形、色彩等。

### 一、页面（界面）

页面（界面）是版式设计的对象，又是版式设计依托的物质基础。页面（界面）也是决定版式性格的首要条件。页面（界面）的各种比例形状必然会引起读者不同的心理感受，还有对页面（界面）的选择是不是符合所要传播的信息要求，都取决于对不同页面（界面）的认知程度。

页面（界面）作为受众接收信息的一个窗口，生成页面（界面）的各种比例与形状自然会对受众的心理产生某种联想与暗示，如图 1-22 所示，形状 1 与形状 2 同为横向页面，但不同的长宽比例带来的是不同的视觉感受，形状 1 更为标准、优雅，形状 2 则显得大气、宽阔；同样的，同为竖向页面，形状 3 显得修长，形状 4 则显得更为端庄，而形状 5 的正方形页面则传递出一种平衡、完美的感觉。

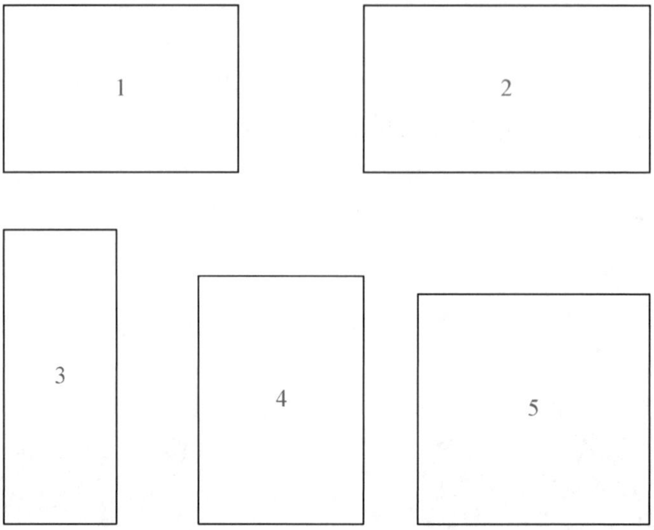


图 1－22　不同形状的页面（界面）特点

在实际的版式设计中，最常见的页面（界面）媒介有两类：第一类是传统的纸媒，以我国常见纸张页面裁切尺寸为例（见图 1－23），有如下几种：一开（全张）、二开、四开、八开、十六开、三十二开、六十四开等，因页面的大小以及裁切方法的不同，给读者的感受也会不一样。

第二类是随着时代发展越来越重要的电子显示媒介，以目前市场上常见的显示器比例尺寸为例（见图 1－24），大致有如下四种：16∶10、16∶9、4∶3、5∶4，因显示器比例尺寸存在着宽窄变化，用户体验也会随之改变。

版面的选择与信息要求、功能要求、制作成本要求、审美变化要求等相关。不同形状的页面（界面）会引起读者不同的感受，同样没有哪个页面（界面）能适合所有信息的传播要求。页面（界面）比例和谐与否，衡量的标准就是看能否有效达到信息传播这一最终目的。

## 二、版式视觉要素

版式视觉要素主要是指文字、图形、色彩等视觉符号。它们既是版式结构的组织对象，又是版式结构的表现形式。在版式设计中文字、图形、色彩对读者起到了“感知、理解、接收”信息的作用。

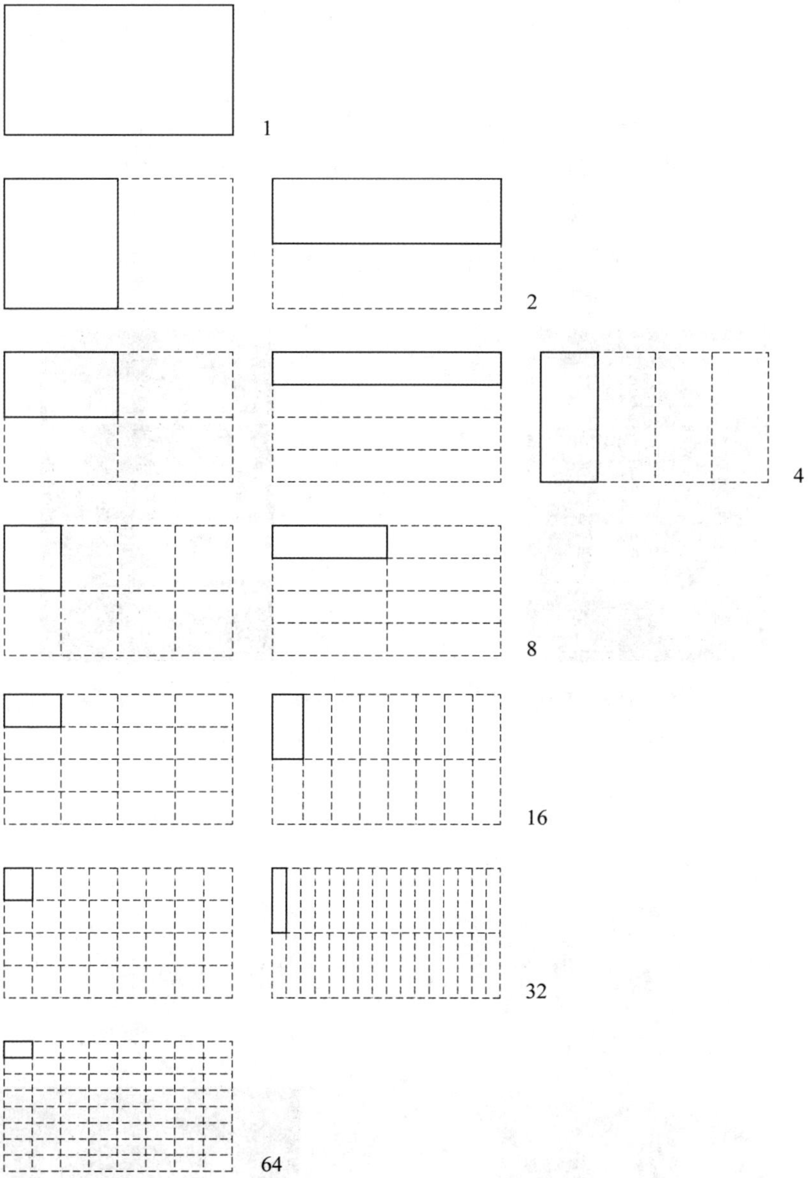


图 1-23 常见纸张页面裁切比例

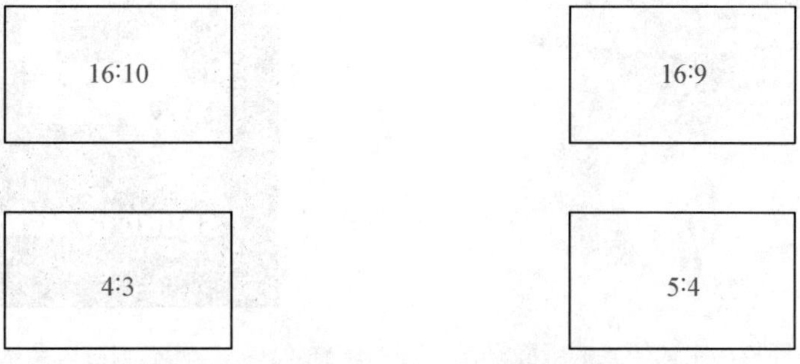


图 1-24 常见显示器（界面）的比例尺寸

## （一）文字

文字是语言性视觉要素。文字是版式设计中最重要和最基本的信息载体，属于阅读性信息符号。同时文字又有它自己的视觉形式，无论是在杂志版面设计（见图 1－25），还是在海报设计（见图 1－26）中，字体的处理方式、文字的完美组合都能带给读者差别化的阅读体验。文字在版式设计中起着帮助“理解、接收”的作用。

图 1－25　文字为主体要素的版面设计 1
图片来源：*domus*，2004 年 9 月刊

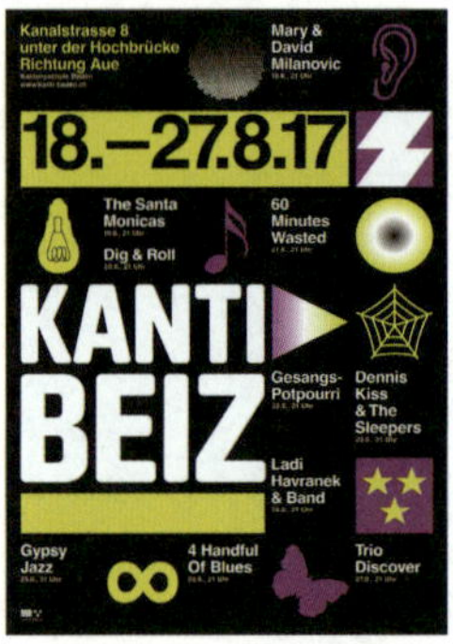


图 1－26　文字为主体要素的版面设计 2
海报设计　设计者：Res Eichenberger

## （二）图形

图形属于形象性视觉要素。读者只需凭个人的直觉就能马上看出图形的含义，因此图形比文字具有更直接和更具体的特点。图形能使版式信息的表达更生动。如图 1－27、图 1－28 所示的海报设计中，作为页面主体要素的图形在版式设计中起到帮助“感知、理解”的作用。

图 1－27　图形为主体要素的版面设计 1
公益海报设计　设计者：张勇

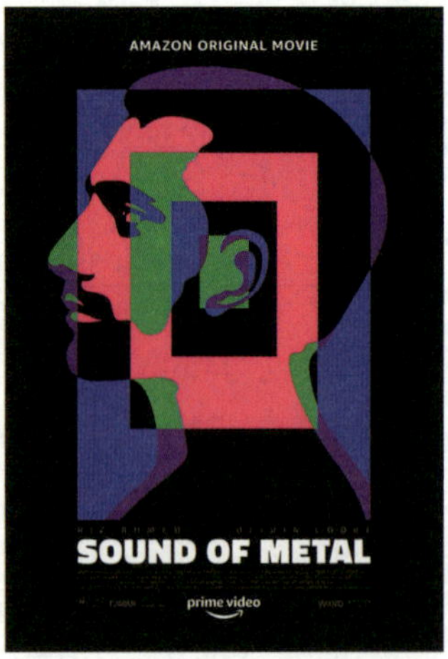


图 1－28　图形为主体要素的版面设计 2
海报设计　设计者：La Boca

（三）色彩

色彩属于情感性视觉要素，其本身具有很高的吸引力和审美价值，能够在无形中影响读者。在版式设计中，色彩是渲染版式信息主题的手段和控制版式整体效果的重要工具。无论是采用背景色彩作为版面主体设计要素的方式（见图 1－29），还是采用强烈的对比色彩作为主体要素（见图 1－30），都能够起到强烈的帮助“感知”的作用。

MAN HAS
MADE
HIS MATCH...
NOW
IT'S HIS
PROBLEM
HARRISON FORD
IS
BLADE RUNNER
DIRECTED BY
RIDLEY SCOTT
SCORE BY
VANGELIS

图 1－29 背景色彩为主体要素的版面设计 1
海报排版设计 设计者：MANSOOR

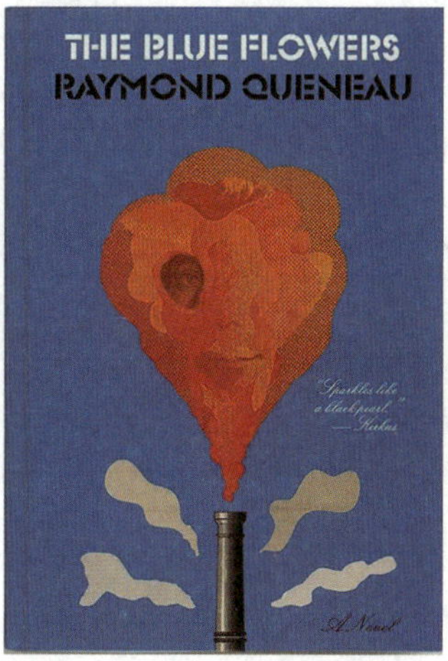
THE BLUE FLOWERS
RAYMOND QUENEAU

图 1－30 对比色彩为主体要素的版面设计 2
书籍封面设计 设计者：Peter Mendelsund

## 第四节 页面阅读的视觉心理

视觉心理是一种由视觉信息引起的心理反应。它涉及人们的阅读习惯、关注强度、情感印象、心理暗示等方面。了解视觉心理有助于设计者明白在版式设计过程中怎样进行视觉引导。

### 一、页面（界面）的组成

页面（界面）是用于呈现视觉信息的完整幅面，如图 1－31 所示，是版心及其四周边距等承载空间的总和。

（一）版心

承载信息的具体内容（文字和图形）的页面部分，是页面的主体。

## （二）页边距

由页面版心到边线之间的空隙部分，起区分、突出、稳定版心的衬托作用。

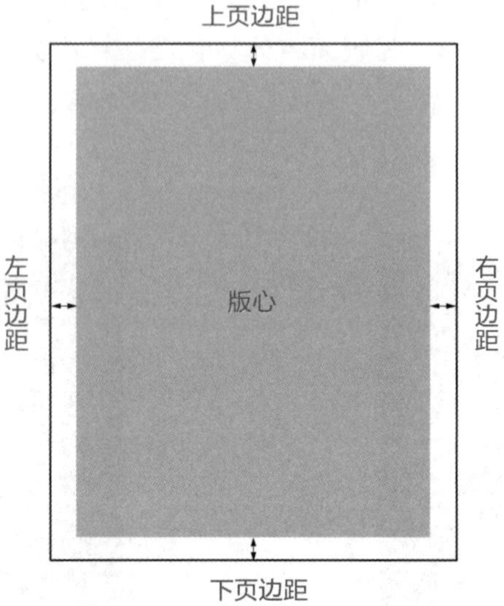


图 1－31　页面（界面）的组成

根据页边距的宽窄不同，页面可分为四类不同的形式，如图 1－32 所示，不同的形式能够呈现不同的风格。

图 1－32　不同的页边距形式

1. 满版型

不设页边距，信息的传播表现直观、强烈，具有大方、直白的视觉效果。

2. 窄边型

页边距设置较窄，版心表现突出，具有直观而不失细致的页面效果。

3. 标准型

页边距相等、宽窄适中，具有静稳、平和的页面效果。

4. 稳定型

页边距的左、右及上部宽窄相等，略宽的下部抬升了页面重心，具有典雅、稳固的页面效果。

## 二、视觉规律

视觉规律就是人们普遍的阅读习惯。简单说是“从整体到局部”“从上到下”“从左至右”的阅读顺序，视觉的感知过程涉及眼睛移动、回视、扫视和视觉广度等。按视觉心理观点，页面（界面）上方和左方以及视觉中心是视觉的关注点。

### （一）影响视觉移动的四条边

面对不同的阅读对象（版面），人们的视线总会先从页面的边沿及四个角落来回游走，最后才会聚焦在页面的中心点上。如图 1－33 所示，读者会根据页面的比例尺寸，随时调整视线的角度与距离。

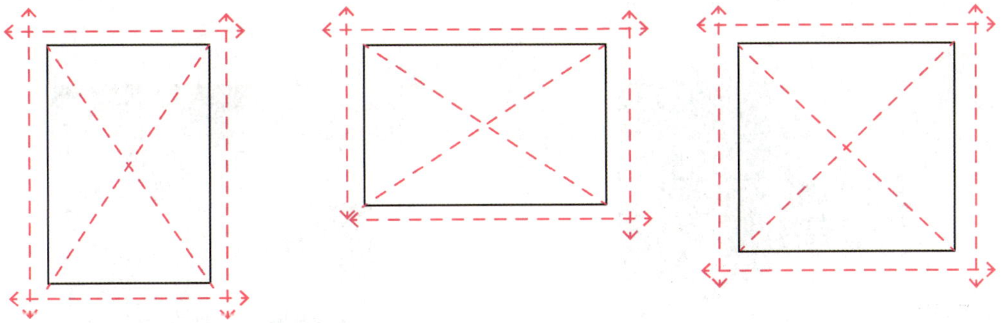

图 1－33 影响视觉移动的四条边

### （二）视觉的感知区域

读者在感知一个页面时，会本能地将完整的页面划分成上下、左右等若干个不同方位的感知区域（见图 1－34），以便按先后顺序逐步深入了解信息。如图 1－35、图 1－36、图 1－37、图 1－38 所示，不同的感知区域划分方式决定了最终页面呈现的结构与视觉特点。

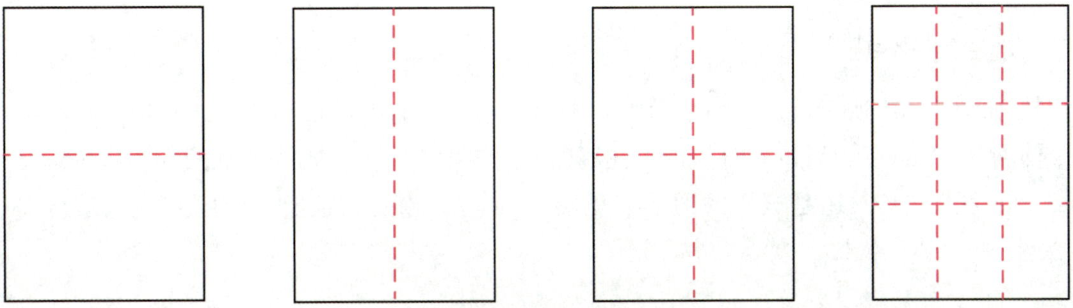

图 1－34 视觉的感知区域

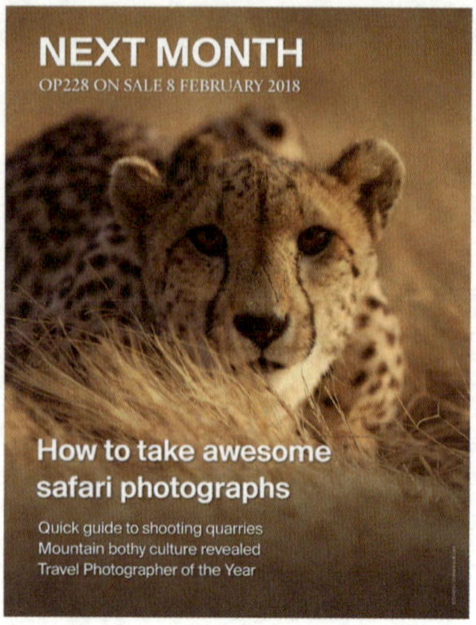


图 1－35　上下划分页面范例

图片来源：*Outdoor Photographer*，2018 年 2 月刊

图 1－36　左右划分页面范例

图片来源：*MARK*（美国版），2011 年 8 月刊—9 月刊

图 1－37　十字划分页面范例

图片来源：*Outdoor Photographer*，2018 年 2 月刊

图 1－38　井字划分页面范例

图片来源：*MARK*（美国版），2011 年 12 月刊—2012 年 1 月刊

## （三）视觉中心

如图 1－39 所示，页面的视觉中心指读者心理上的页面重心（一般来说比页面的绝对中心略高）。也可以理解为视线在页面上的集中交汇处，不论视觉的中心是主题文字（见图 1－40）还是核心的图形（见图 1－41），此处总是比页面的其他区域更受关注。

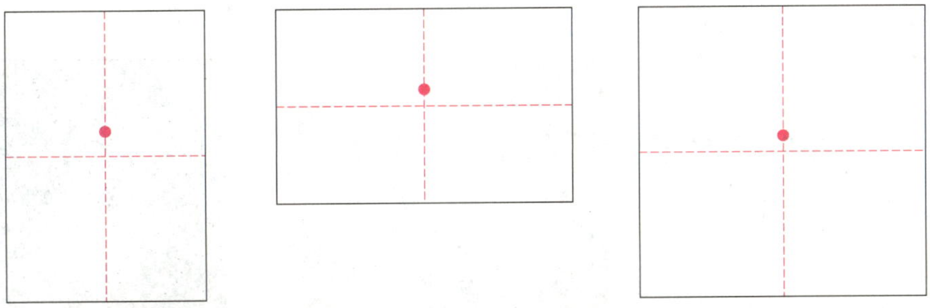

图 1-39 不同形状版面的视觉中心

Notice
board
WHAT'S
HAPPENING

图 1-40 以文字为视觉中心的版式设计
图片来源：*MARK*（美国版），2011 年 4 月刊—5 月刊

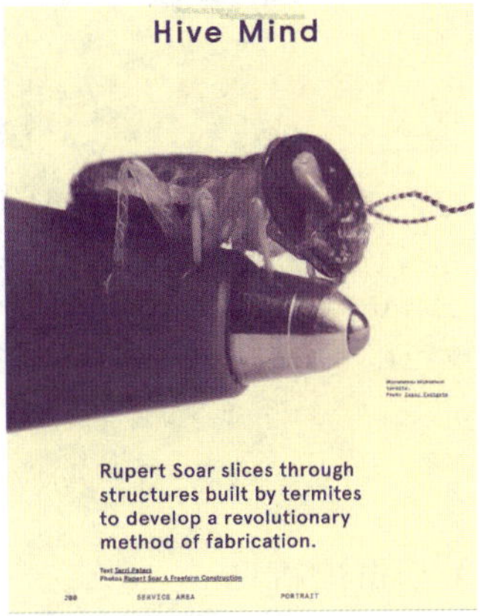
Hive Mind
Rupert Soar slices through structures built by termites to develop a revolutionary method of fabrication.

图 1-41 以图形为视觉中心的版式设计
图片来源：*MARK*（美国版），2011 年 8 月刊—9 月刊

### （四）视觉的流动规律

视觉的流动规律来自阅读习惯。如图 1-42 所示，无论是“上进下出”“左进右出”，还是“斜进斜出”都是由常见的读者阅读习惯而产生的信息感知顺序。如图 1-43、图 1-44、图 1-45 所示，不同的视觉流动规律带来的是截然不同的视觉感受与页面构图。

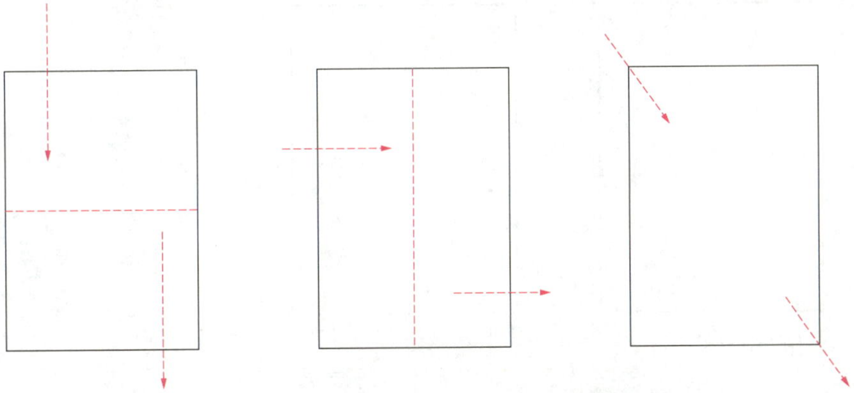

图 1-42 不同方向的视觉流动规律

THE
MUSEUM
HAS
LANDED
The new Ordos Museum designed by Ma Yansong of MAD makes a strong statement about the stark geometric character of the young city's master plan.

图 1-43 "上进下出"的视觉流动规律范例

图片来源：*MARK*（美国版），2011 年 10 月刊—11 月刊

图 1-44 "左进右出"的视觉流动规律范例

海报设计 设计者：Joanna Tyborowska

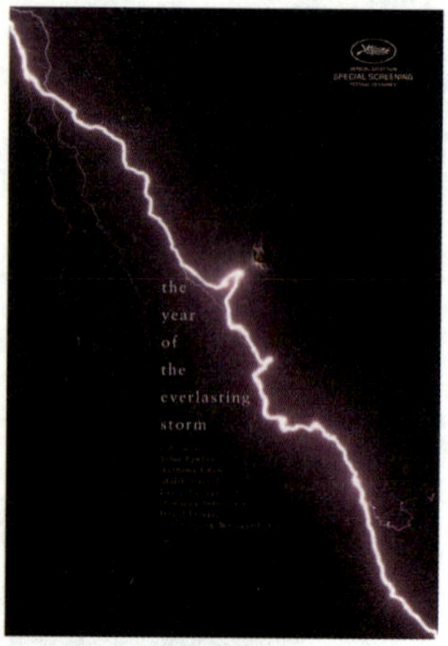
the
year
of
the
everlasting
storm

图 1-45 "斜进斜出"的视觉流动规律范例

海报设计 设计者：Little White Lies

（五）视觉流程

视觉流程就是阅读的顺序，不仅是版面要素在一定形式法则的组织下引导视线的运动轨迹，还是隐藏于版面下面的一条脉络。如图 1-46 所示，无论是怎样的视觉流程组织，均受到版面形式要素的诱导和观看习惯的影响。

无论是单向视觉流程（见图 1-47），还是曲线视觉流程（见图 1-48）和导向视觉流程（见图 1-49），视觉流程规律总是以视觉重心的强弱依次递减流动。它与出现在版面上的形状大小、颜色强弱、数字暗示、线条引导等相关。

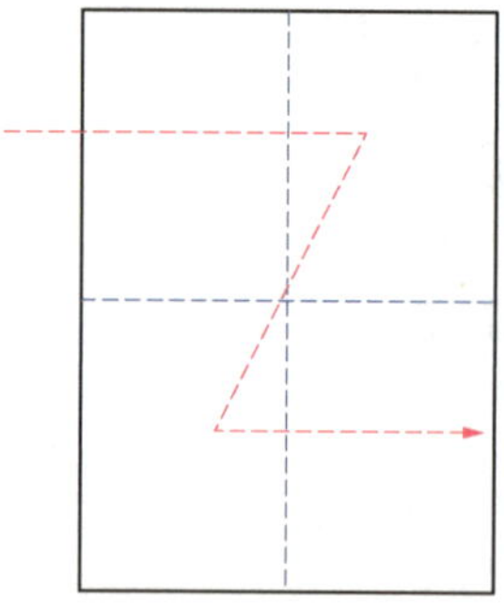

单向视觉流程

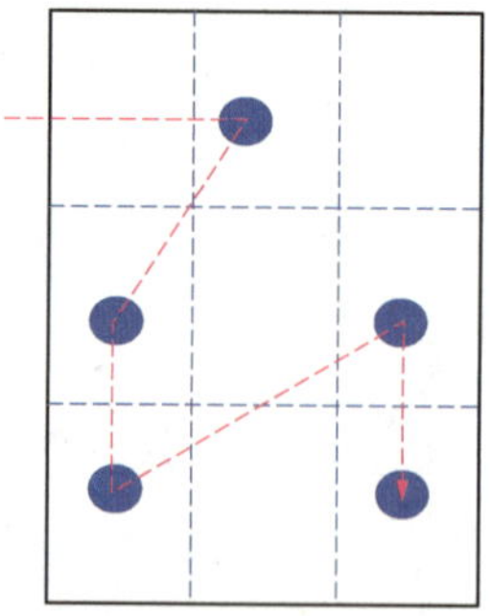

曲线视觉流程

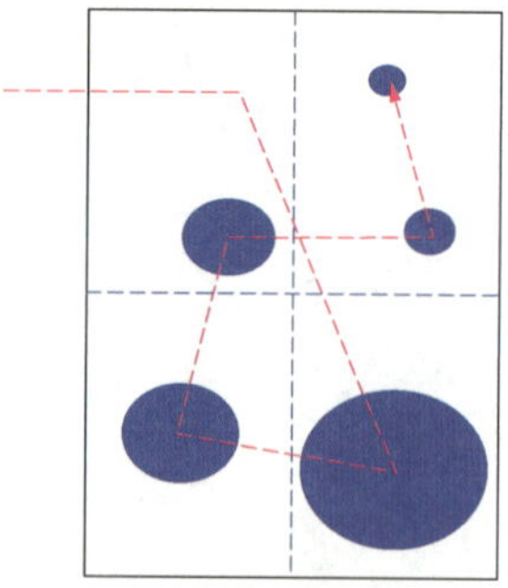

导向视觉流程

图 1-46 不同的视觉流程

图 1-47 单向视觉流程范例
宣传册设计 设计者：Viktoria Batt

图 1-48 曲线视觉流程范例
杂志版面设计 设计者：polar

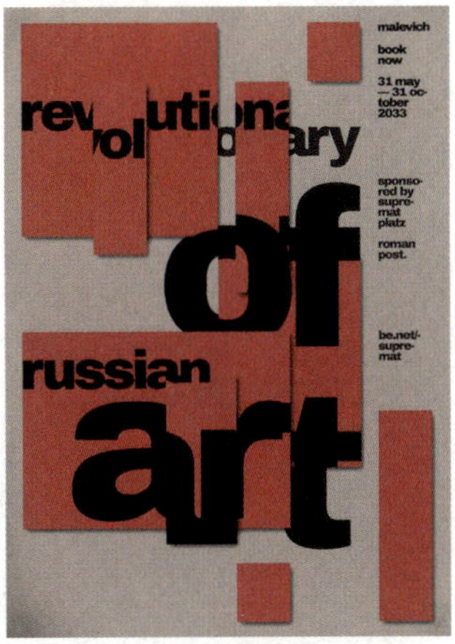


图 1-49 导向视觉流程范例
海报设计 设计者：Roman Post

## 三、关注度

关注度是读者对页面不同区域的关注程度。它不光产生了区域的感知顺序，还体现出区域的信息价值与情感指数（即关注强度）。如图 1-50 所示，不同的页面区域划分方式中，关注强度的分布关系存在着较为明显的规律。

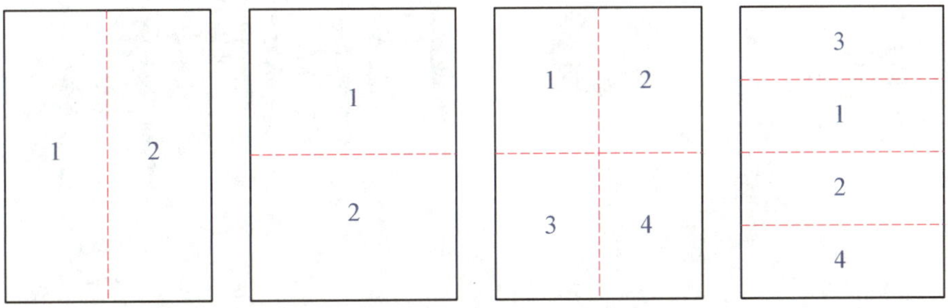


图 1-50 关注强度的区域划分方式

通过对于关注强度规律的掌握，可以有针对性地对于页面的构图进行划分，如图 1-51 至 1-54 所示，页面中最为重要的视觉信息元素，总是位于相对关注强度最高的区域。

## 四、情感印象

情感印象专指在读者心理的综合影响下由感知区域形成的独特感受。比如说在页

18_ Objects (inside) 85

top 5 objects
_ alexander
lotersztain

**01_ Discipline pocket armchair designed by Ding 3000**
I like the simplicity of this chair; it utilises the natural strengths of the chosen materials in a sophisticated way. Image courtesy *Stylecraft*

With an enviable and international client list, it is Alexander Lotersztain's eye for the unusual that makes him one of Australia's most sought out designers. Spanning products, furniture, hotel design, interior design and art direction, his multidiscipline practice Derlot allows him to tread somewhere between curator and creator, with exhibitions, interiors and branding all within the rubric of his design acumen. Named among the 100 most influential designers by Phaidon in 2007, he has been a top 10 in most lists since. Moreover, his products are as often exhibited as used, with several of his works included in the design collection of the Centre Pompidou, Paris.

图 1-51 左右划分范例

图片来源：*Inside Interior Design Review*（澳大利亚版），2015 年 3 月刊—4 月刊

112_ Spotlight

simply perfect
didier

**Ross Didier is a name that is respected throughout the country and, through his many product designs, he has created a benchmark for best practice in Australian furniture design since the inception of his business some 14 years ago.** As a designer of fine furniture, Didier has supplied product into many world-class companies, such as Google, Microsoft, Hewlett-Packard and Westpac. Galleries as diverse as the Denver Art Museum and the Belconnen Arts Centre have purchased his furniture for use in their interiors, and restaurants such as Melbourne's Vue De Monde have commissioned bespoke products for their premises, while Sydney's Nomad restaurant features his Fable seating. His Bombala lounge chairs sit outside the Sydney Opera House and his Elfin stools grace New York's Times Square.

He has been the recipient of Young eDesign Milan and Victorian Design awards and has won the Object, Furniture and Lighting category in the *(inside)* Interior Design Awards (IDEA), as well as Corporate Culture's Design Journey. Didier has also received an Australian Design Mark for his innovative furniture design. With patrons and accolades such as these under his belt, Ross Didier has proven that he is a designer of world standing and a prolific artist whose work is not only beautiful and practical, but also innovative and, most of all, desirable.

Didier by Ross Didier is the manufacturing arm of the business and presents the many products and collections now available in Australia and beyond. Never one to rest on his laurels, Didier is continually designing, refining, innovating and manufacturing new products for the market. With his new design range, Congo, the beauty of simplicity has been encapsulated in a curated collection that consists of a chair, a high stool and tables. The design of Congo is in essence a tribute to the craft of furniture making and incorporates the knowledge that Didier has accumulated over years in his chosen profession.

The idea and story of Congo is 'the character of simplicity'. This is not an extravagant design, but a concept that celebrates the charm found in restraint and modesty with functionality at its core. Congo can be at home in any environment whether it be a café, hotel, barbershop, kitchen, wine bar or restaurant – any place where people gather and interact.

Congo embodies quality of design and material. For example, the Congo chair is made with a solid American oak frame and fabricated with mortise and tenon joints. High endurance elastic webbing and high quality polyurethane foams have been used in the seat and two-pack polyurethane in clear or black seals the wood with other colours available on request. There is a wide selection of fabrics or leathers from which to choose for the soft upholstery. Of course, the same attention to detail is applied to the manufacture of the high chair and tables.

Comfort, style, adaptability and personality are the hallmarks of Didier's products and with Congo these elements have been combined to perfection. The Congo collection is simplicity at its best. ■
**didier.com.au**

图 1-52 上下划分范例

图片来源：*Inside Interior Design Review*（澳大利亚版），2015 年 3 月刊—4 月刊

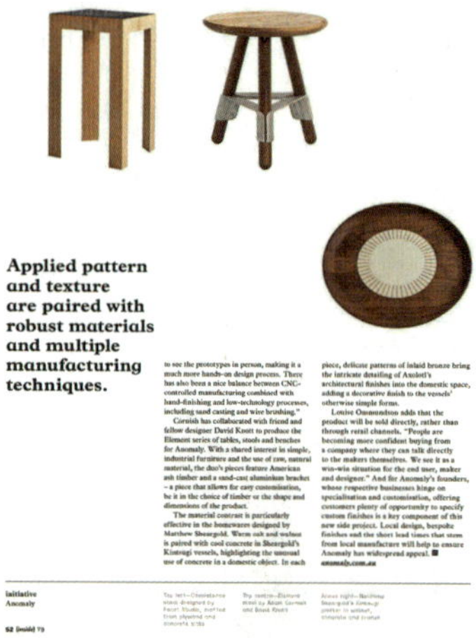

**Applied pattern and texture are paired with robust materials and multiple manufacturing techniques.**

to see the prototypes in person, making it a much more hands-on design process. There has also been a nice balance between CNC-controlled manufacturing combined with hand-finishing and low-technology processes, including sand casting and wire brushing."

Cornish has collaborated with friend and fellow designer David Knott to produce the Element series of tables, stools and benches for Anomaly. With a shared interest in simple, industrial furniture and the use of raw, natural material, the duo's pieces feature American ash timber and a sand-cast aluminium bracket – a piece that allows for easy customisation, be it in the choice of timber or the shape and dimensions of the product.

The material contrast is particularly effective in the homewares designed by Matthew Sheargold. Warm oak and walnut is paired with cool concrete in Sheargold's Kintsugi vessels, highlighting the unusual use of concrete in a domestic object. In each piece, delicate patterns of inlaid bronze bring the intricate detailing of Axolotl's architectural finishes into the domestic space, adding a decorative finish to the vessels' otherwise simple forms.

Louise Ommundson adds that the product will be sold directly, rather than through retail channels. "People are becoming more confident buying from a company where they can talk directly to the makers themselves. We see it as a win-win situation for the end user, maker and designer." And for Anomaly's founders, whose respective businesses hinge on specialisation and customisation, offering customers plenty of opportunity to specify custom finishes is a key component of this new side project. Local design, bespoke finishes and the short lead times that stem from local manufacture will help to ensure Anomaly has widespread appeal. ■
***anomaly.com.au***

图 1-53 十字划分范例

图片来源：*Inside Interior Design Review*（澳大利亚版），2013 年 11 月刊—2014 年 2 月刊

图 1-54 上下划分范例

图片来源：*Inside Interior Design Review*（澳大利亚版），2015 年 3 月刊—4 月刊

面构图中，如图 1-55 所示，最重要的视觉信息要素置于页面上部与左面通常能够让人觉得轻盈、舒畅；而置于页面下部和右面的内容通常让人觉得压抑、凝重。如果居中则体现出庄重稳定的感受。在实际的版式案例中往往利用这样的情感印象，巧妙地反映不同的主题与页面视觉感受（见图 1-56、图 1-57、图 1-58）。

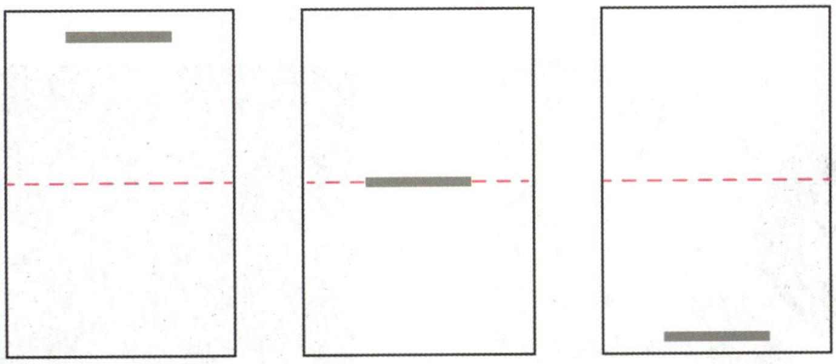

轻盈、舒畅　　庄重、稳定　　压抑、凝重

图 1-55 心理感受的划分方式

图 1-56 具有“轻盈感”的版式范例

图片来源：《时代周刊》，2015 年 3 月刊

图 1-57 具有“庄重感”的版式范例

图片来源：《时代周刊》，2015 年 3 月刊

图 1-58 具有“凝重感”的版式范例

图片来源：海报设计 设计者：Jack Forrest

基于不同的心理感受，不同的页面划分与主题要素位置有时也能够暗示一些特别的信息，如图 1-59 所示，页面左侧往往象征着开始与起点，而页面的右侧则往往象征着结束与终点，在实际案例（见图 1-60、图 1-61）中可见，左右划分布置所带来的暗示效果。

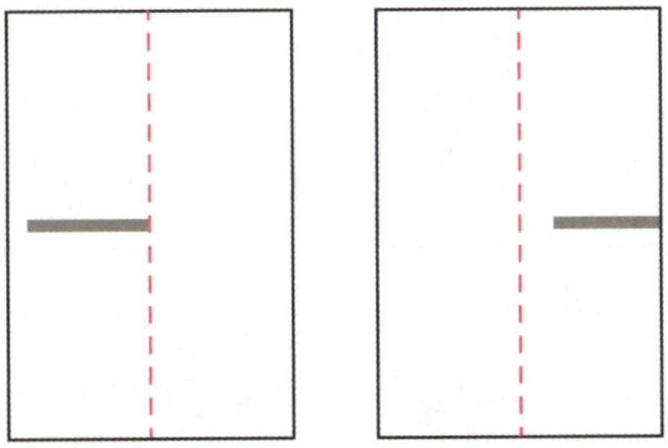

开始、起点　　结束、终点

图 1-59 起始感受的划分方式

图 1-60 “开始、起点”划分范例
图片来源：*Inside Interior Design Review*（澳大利亚版），2015 年 3 月刊—4 月刊

图 1-61 “结束、终点”划分范例
图片来源：*Inside Interior Design Review*（澳大利亚版），2015 年 3 月刊—4 月刊

在页面的构图布局中，带有方向性与引导性的划分方式能够让静态的页面产生动态的感受（见图 1-62）。页面主体信息要素的不同方向与角度的布置，能够有力地提升页面的感性视觉印象。如图 1-63 所示，页面中雪山的斜向上升轮廓，带来的是一种直观的积极、向上、拼搏的感受，图 1-64 中的老鹰斜向下降的方向安排，带来的是一种凌厉、迅捷而有力量感的直接印象，“在上”与“在下”的布局划分方式也带来了不同的感官印象（见图 1-65、图 1-66）。

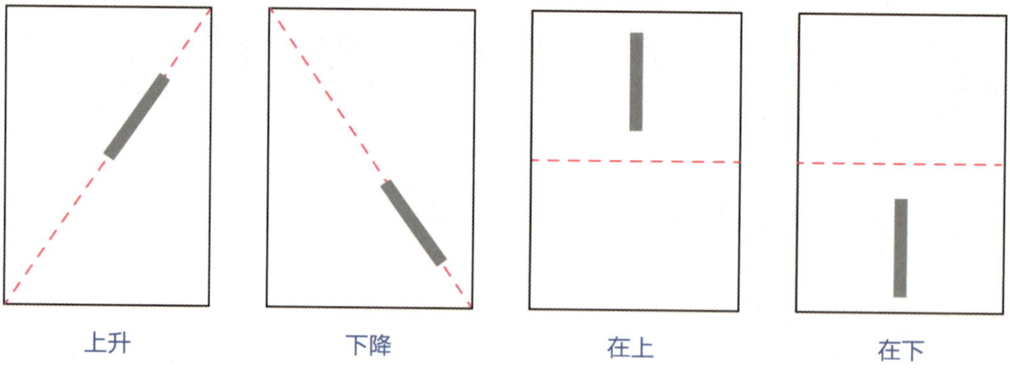


图 1-62 “上升、下降、在上、在下”的划分方式

图 1-63 “上升方向”范例
画册设计 设计者：Hybrid Design

图 1-64 “下降方向”范例
图片来源：《国家地理旅游者》（美国版），2013 年 12 月刊—2014 年 1 月刊

图 1-65 “在上方向”范例
图片来源：*Photo Technique Magazine*，2010 年 8 月刊

图 1-66 “在下方向”范例
图片来源：*Outdoor Photographer*，2016 年 10 月刊

## 五、心理暗示

“心理暗示”顾名思义来源于读者的心理，是读者根据以往形成的视觉经验，对不同的视觉现象做出的惯性判断。主要的“心理暗示”性的划分方式有“强势”“弱势”“外向”“内向”等几类（见图 1-67）。同样的页面要素构成方式，要素自身在页面中占用的比例越大，页面给读者的感性印象则越强势（见图 1-68），反之，占用的比例越小，印象越弱势（见图 1-69）；面积相同的页面要素构成方式中，要素越分散，印象越偏向活泼、外向（见图 1-70），要素越收缩集中，印象则偏向拘谨和内向（见图 1-71）。

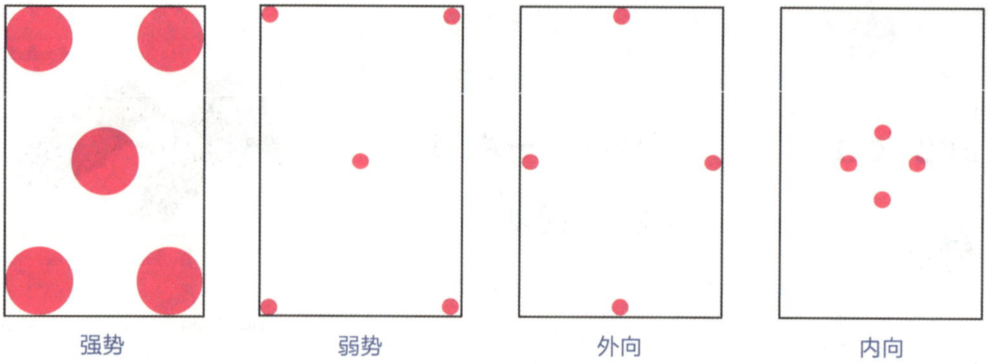


图 1-67 “心理暗示”的划分方式

图 1-68 “强势感受”范例
图片来源：*Digital SLR Photography UK*，2015 年 11 月刊

图 1-69 “弱势感受”范例
海报设计 设计者：Kseniia Stavrova

图 1-70 “外向感受”范例
图片来源：*Lorafo Italia*，2016 年 5 月刊

图 1-71 “内向感受”范例
图片来源：*Lorafo Italia*，2016 年 5 月刊

# 第五节 版式信息的有效设计

版式设计遵循的基本原则，是根据特定传播主题与内容的需要，在预先设定的版面内，运用编排方法和形式法则，对文字、图片（图形）及色彩等视觉传达信息要素，进行组合排列，从而达到有效传达信息的作用。

## 一、版式设计的主要路径

### （一）编排方法

版式设计中的编排方法主要有归类、对齐、等级、秩序、留白等。

#### 1. 归类

归类也可以称为分组，即在版式设计中，将版面中的信息按照文字、图片等不同类别进行分类排布，形成具有清晰规律感的版面形式。常见于刊物版面设计中的目录或者概览页面中（见图 1－72、图 1－73）。

图 1－72 “归类”式版面形式范例 1

产品宣传册设计 设计者：Viktoria Batt

图 1-73 “归类”式版面形式范例 2
画册设计 设计者：Global Cities Report

## 2. 对齐

对齐是将文字、图片等信息以虚拟的参考线作为依据进行编排，这一类编排方式很适合应用于海报设计或者刊物的封面设计，可以形成具有鲜明强烈昭示性的版面效果（见图 1-74、图 1-75、图 1-76、图 1-77）。

图 1-74 “对齐”式版面形式范例 1
海报设计 设计者：Jack Forrest

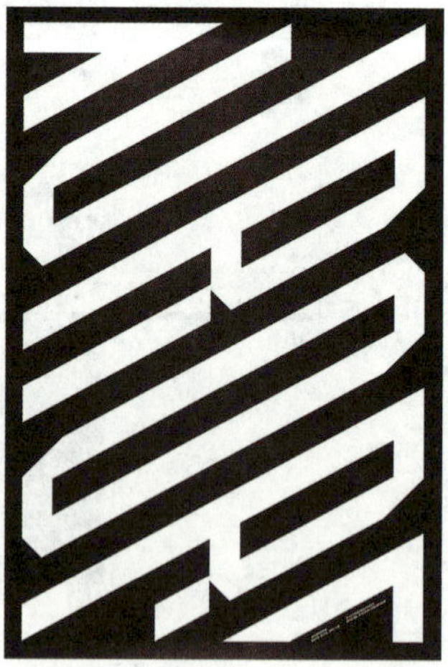

图 1-75 “对齐”式版面形式范例 2
海报设计 设计者：Xtian Miller

图 1－76 “对齐”式版面形式范例 3
海报设计 设计者：Xtian Miller

图 1－77 “对齐”式版面形式范例 4
海报设计 设计者：Berkay Tas

### 3. 等级

等级是将版面内所需要展示的信息，无论是图片、文字、图形等，均按照希望展示的重要性和顺序分为不同的等级，按照等级从高到低的顺序来排布信息，信息越重要，则在版面中所占的比例越大。这种方式具有页面主题突出、信息传递清晰的优点（见图 1－78、图 1－79、图 1－80）。

图 1－78 “等级”式版面形式范例 1
海报设计 设计者：Quim Marin

图 1－79 “等级”式版面形式范例 2
海报设计 设计者：Pierre Jeanneau

图 1-80 “等级”式版面形式范例 3
杂志版式设计 设计者：Lyaman Karimli

### 4. 秩序

秩序的编排方式，指在整个版面中将一个最为强势的元素作为主体秩序，这个元素可以是一条线、一个形态、一种色彩，整个版面中的其他信息元素都依据或者围绕这个主体秩序来编排展示，形成一种具有秩序感的版面效果（见图 1-81、图 1-82、图 1-83、图 1-84）。

图 1-81 “秩序”式版面形式范例 1
海报设计 设计者：MANSOOR

图 1-82 “秩序”式版面形式范例 2
海报设计 设计者：张勇

图 1-83 “秩序”式版面形式范例 3
海报设计 设计者：Berkay Tas

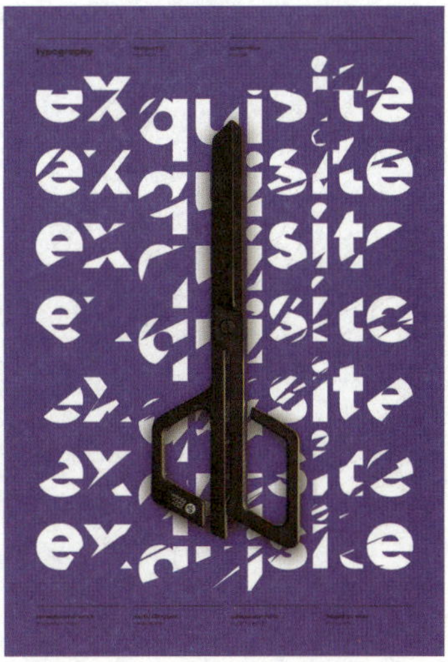

图 1-84 “秩序”式版面形式范例 4
海报设计 设计者：MANSOOR

## 5. 留白

留白非常好理解，即在版面编排中，保留大面积的空白空间或者单一颜色区域，以这样大面积的留白反衬出主要的版面信息，达到突出主体信息的作用。这种方式无论是在海报设计、封面设计还是版式内页设计中都有大量的应用（见图 1-85、图 1-86、图 1-87、图 1-88)。

图 1-85 “留白”式版面形式范例 1
杂志版面设计 设计者：Yeseul Kim & Edo Kim

图 1-86 “留白”式版面形式范例 2
海报设计 设计者：Xavier Esclusa Trias

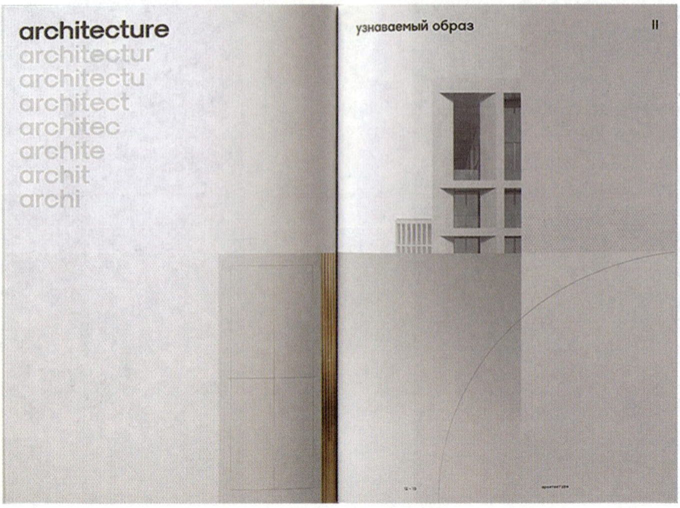
architecture
architectur
architectu
architect
architec
archite
archit
archi
узнаваемый образ
II

图 1-87 “留白”式版面形式范例 3
版式设计 设计者：Sasha Yaguza

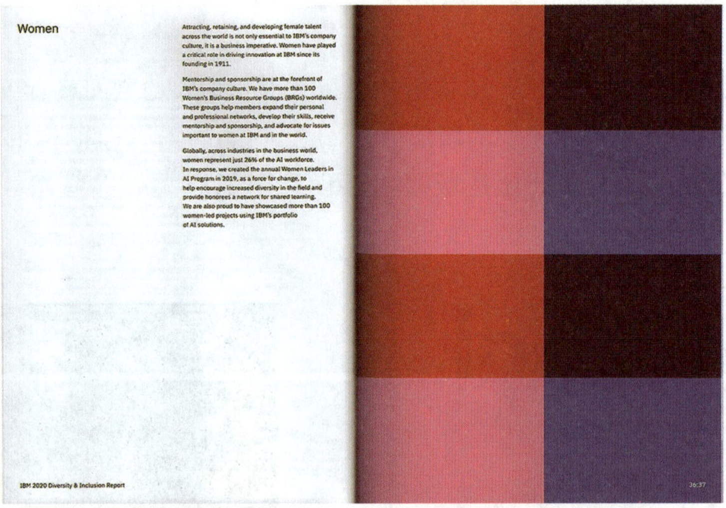
Women
Attracting, retaining, and developing female talent across the world is not only essential to IBM's company culture, it is a business imperative. Women have played a critical role in driving innovation at IBM since its founding in 1911.
Mentorship and sponsorship are at the forefront of IBM's company culture. We have more than 100 Women's Business Resource Groups (BRGs) worldwide. These groups help members expand their personal and professional networks, develop their skills, receive mentorship and sponsorship, and advocate for issues important to women at IBM and in the world.
Globally, across industries in the business world, women represent just 26% of the AI workforce. In response, we created the annual Women Leaders in AI Program in 2019, as a force for change, to help encourage increased diversity in the field and provide honorees a network for shared learning. We are also proud to have showcased more than 100 women-led projects using IBM's portfolio of AI solutions.
IBM 2020 Diversity & Inclusion Report

图 1-88 “留白”式版面形式范例 4
版式设计 设计者：Peter Garvin

## （二）形式法则

在版面设计中遵循的形式法则主要有以下几种：对比、谐调、对称、均衡、节奏、韵律。

### 1. 对比

对比是差异性的强调。对比的因素存在于相同或相异的性质之间，也就是把相对的两要素在互相比较之下，产生大小、明暗、黑白、强弱、粗细、疏密、高低、远近、硬软、直曲、浓淡、动静、锐钝、轻重的对比（见图 1 - 89、图 1 - 90、图 1 - 91）。对比关系越清晰鲜明，认知程度就越明朗深刻。

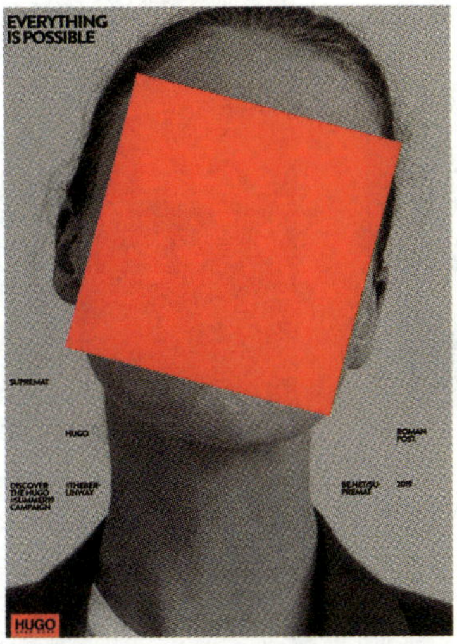


图 1 - 89 色彩与黑白的对比
海报设计 设计者：Roman Post

图 1 - 90 深色背景与浅色文字的对比
海报设计 设计者：Cabinet Gold Van D'vlies

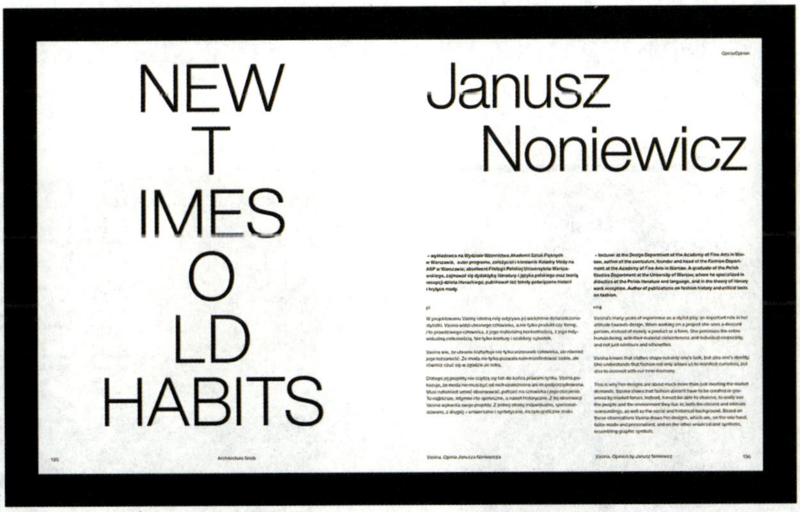


图 1 - 91 标题与正文的对比
杂志版式设计 设计者：Uniforma Studio

## 2. 谐调

谐调也可以叫调和，指在视觉元素关系中寻找相互和谐的因素。版式设计就是在制造对比的同时又追求谐调，对比是寻求差异，产生冲突；谐调是追求共通，缓和矛盾（见图 1 - 92、图 1 - 93）。

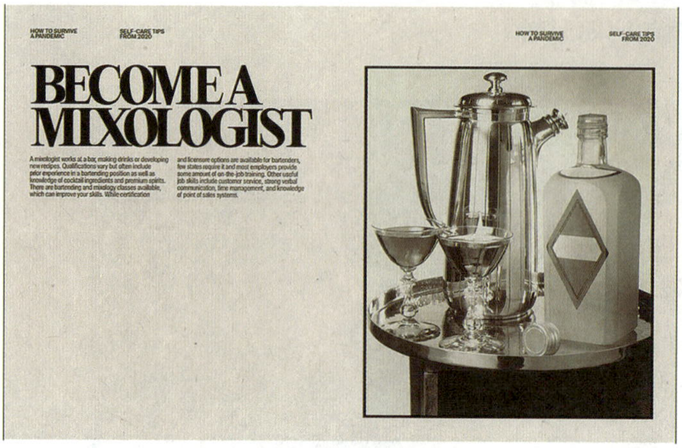


图 1-92　图案与文字的谐调
书籍版面设计　设计者：Anjela Freyja

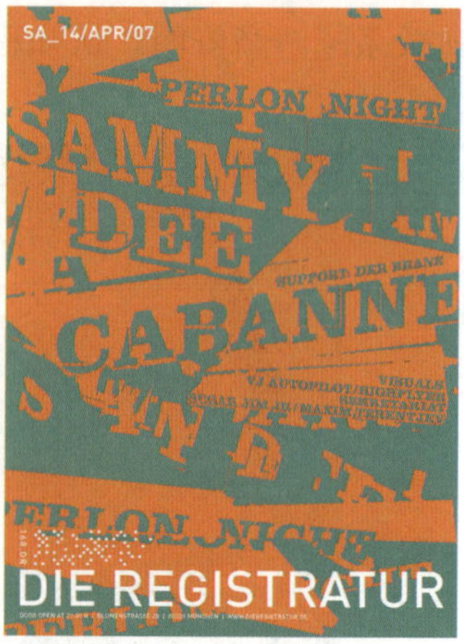


图 1-93　冷暖色彩的谐调
海报设计　设计者：Design Liga

### 3. 对称

对称意指各要素间以某一点为中心，取得左右或者上下同等、同量、同形的平衡。对称的形式有以中轴线为对称轴的左右对称（见图 1-94），以水平线为基准的上下对称（见图 1-95）和以对称点为源的放射对称（见图 1-96），还有以对称面出发的中轴对称形式（见图 1-97）。其特点是稳定、庄严、整齐、秩序、安定、沉静。

图 1-94　左右对称
海报设计　设计者：Anthony Neil Dart

图 1-95　上下对称
海报设计　设计者：Cabinet Gold Van D'vlies

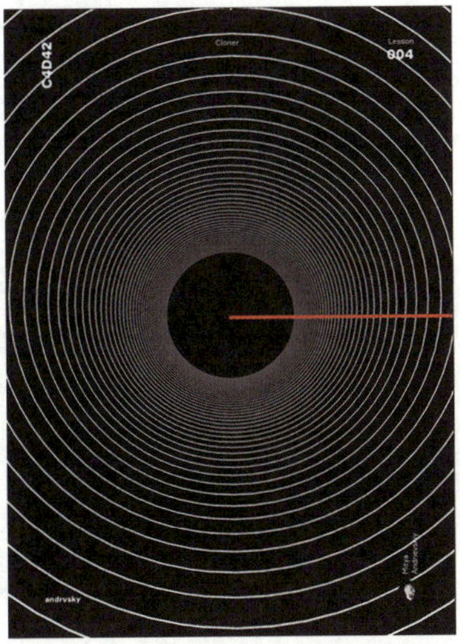


图 1－96 放射对称
海报设计 设计者：Mitya Andrievskiy

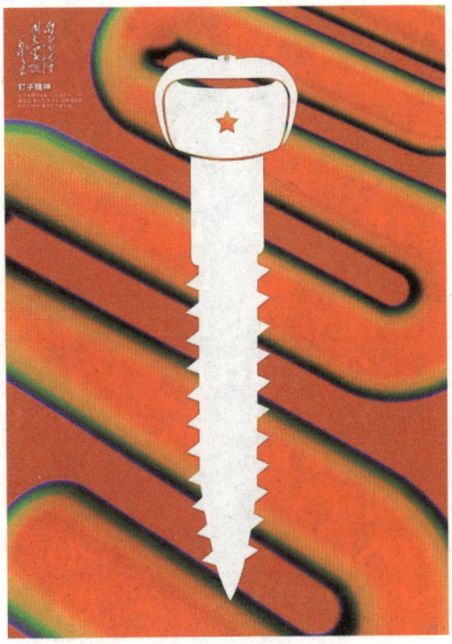

图 1－97 左右中轴对称
海报设计 设计者：张勇

### 4. 均衡

均衡是一种有变化的平衡，它运用等量不等形的方式来表现矛盾的统一性，揭示内在的、含蓄的秩序和平衡，达到一种静中有动或动中有静的条理美和动态美（见图 1－98、图 1－99、图 1－100、图 1－101）。均衡的形式富有变化、趣味，具有灵巧、生动、活泼、轻快的特点。

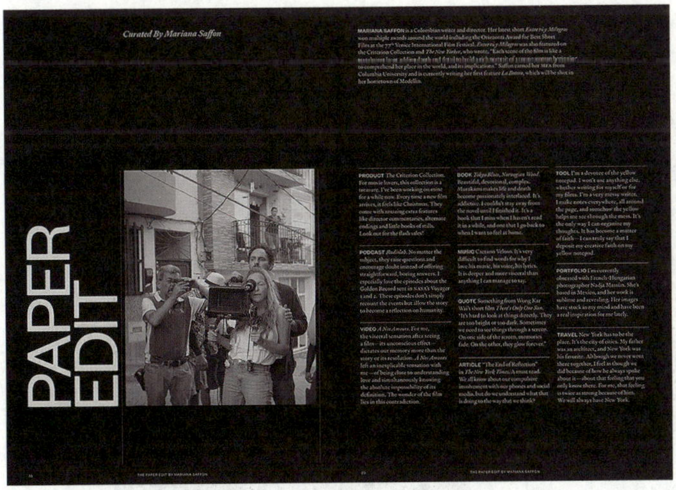


图 1－98 标题与正文的均衡
版式设计 设计者：Creative Voyage

图 1－99 图案文字的相对均衡
画册封面设计 设计者：Oleg Kulik

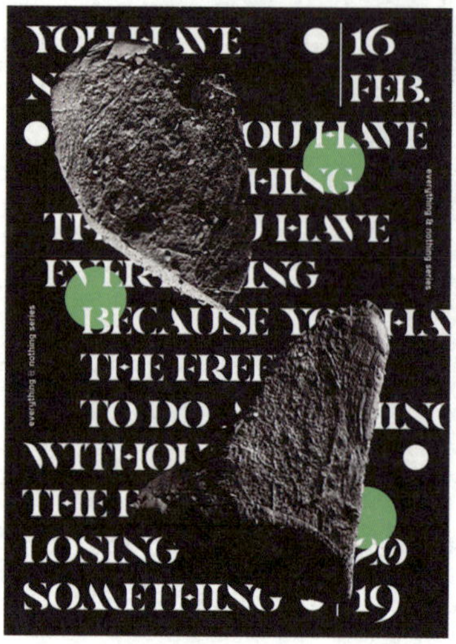


图 1－100　不对称的均衡
海报设计　设计者：Mitya Andrievskiy

图 1－101　图案文字的相对均衡
海报设计　设计者：Vratislav Pecka

## 5. 节奏

节奏与韵律都来自音乐概念。节奏就是有规律的重复，是按照一定的条理、秩序、重复连续地排列，形成一种律动形式。它有等距离的连续，也有渐变大小、长短、明暗、形状、高低等的排列构成。变化越小为弱节奏（见图 1－102、图 1－103），变化越大为强节奏（见图 1－104、图 1－105）。

图 1－102　弱节奏重复 1
海报设计　设计者：汪静

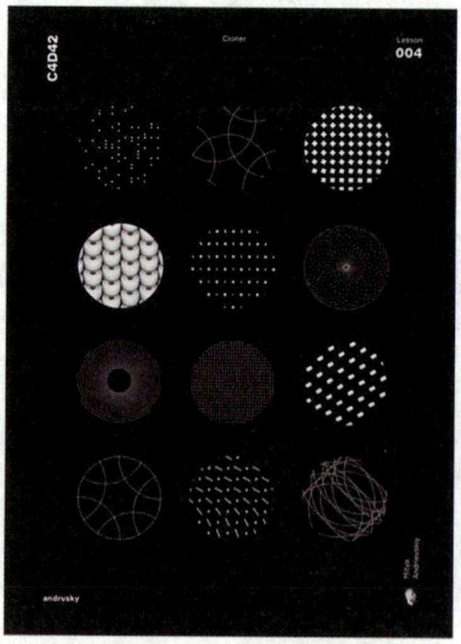


图 1－103　弱节奏重复 2
海报设计　设计者：Mitya Andrievskiy

图 1-104 强节奏重复 1
海报设计 设计者：Vratislav Pecka

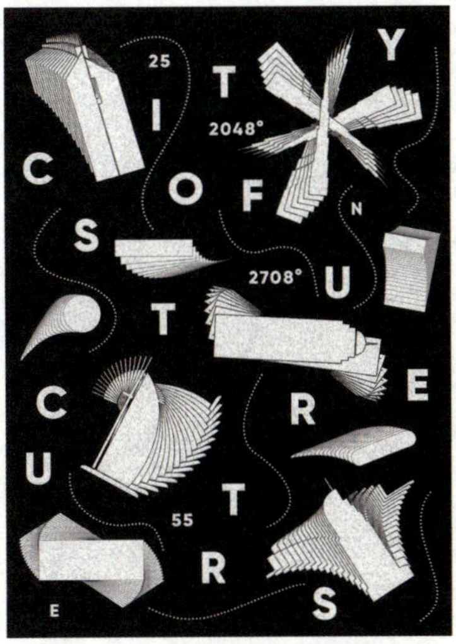


图 1-105 强节奏重复 2
海报设计 设计者：Man Soor

6. 韵律

在节奏中注入美的因素和个性化情感，就有了韵律。韵律就好比是音乐中的旋律，不但有节奏，更有情调。它能增强版面的感染力，提升艺术的表现力（见图 1-106、图 1-107）。

图 1-106 文字的韵律
海报设计 设计者：Man Soor

图 1-107 图形的韵律
海报设计 设计者：Xavier Esclusa Trias

## 拓展阅读

### 一、纸张规格的称谓

我们在日常生活与工作中经常接触到以印刷方法呈现在纸上的版面，它是版式设计存在的基本样式。对纸张规格的了解有助于我们把握传统媒介。但人们对纸张规格大小的称呼又不尽相同，有称“×开”，又有称“A×”“B×”的。这就涉及我国目前所使用的两种不同的纸张规格。

### 二、纸张的裁切

一张原张纸经一定方式的裁切得到一定数量同等尺寸的小页纸，该小页纸的数量即可被称为原张纸的“×开数”或“A×数”“B×数”……，比如对开就是全开原张纸按照 1/2 的比例裁切而来，4 开则是对开纸按照 1/2 比例裁切，以此类推（见图 1－108）。

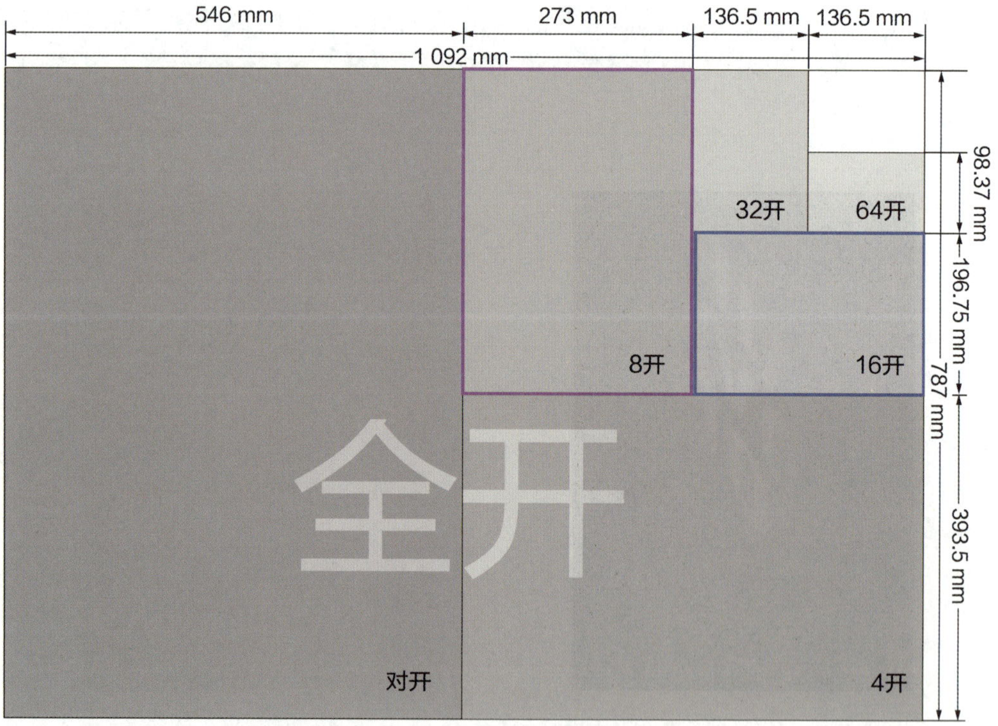


图 1－108　中国纸张标准及裁切方法

### (一) 中国纸张标准及裁切方法

我国目前常用的纸张为正度纸（787 mm×1 092 mm）和大度纸（850 mm×1 168 mm）。它们对应的裁切规格分别有对开、4 开、8 开、16 开、32 开等，其中，正度纸裁切得到的开数为正开数，如对开、4 开、8 开、16 开、32 开等；大度纸裁切得到的开数为大开数，如大对开、大 4 开、大 8 开、大 16 开、大 32 开等（见表 1 - 1）。

**表 1 - 1　中国纸张标准规格**

| 纸张规格 | 正度纸/mm | 大度纸/mm |
|---|---|---|
| 对开 | 546×787 | 597×889 |
| 4 开 | 393.5×546 | 444.5×597 |
| 8 开 | 273×393.5 | 298.5×444.5 |
| 16 开 | 196.75×273 | 222.25×298.5 |
| 32 开 | 136.5×196.75 | 149.25×222.5 |

### (二) 国际纸张标准（ISO）及裁切方法

国际标准化组织的 ISO 216 定义了现在世界上大多数国家所使用纸张尺寸的国际标准，定义了著名的 A4 纸张尺寸的标准。ISO 216 依照纸张幅面的基本面积定义了 A、B、C 三组纸张尺寸（见表 1 - 2），其中 C 组纸张尺寸主要用于信封。

**表 1 - 2　国际纸张标准规格**

| ISO 216 A/mm | | ISO 216 B/mm | | ISO 216 C/mm | |
|---|---|---|---|---|---|
| A0 | 841×1 189 | B0 | 1 000×1 414 | C0 | 917×1 297 |
| A1 | 594×841 | B1 | 707×1 000 | C1 | 648×917 |
| A2 | 420×594 | B2 | 500×707 | C2 | 458×648 |
| A3 | 297×420 | B3 | 353×500 | C3 | 324×458 |
| A4 | 210×297 | B4 | 250×353 | C4 | 229×324 |
| A5 | 148×210 | B5 | 176×250 | C5 | 162×229 |
| A6 | 105×148 | B6 | 125×176 | C6 | 114×162 |
| A7 | 74×105 | B7 | 88×125 | C7 | 81×114 |
| A8 | 52×74 | B8 | 62×88 | DL | 110×220 |
| A9 | 37×52 | B9 | 44×62 | C7/6 | 81×162 |
| A10 | 26×37 | B10 | 31×44 | | |

幅面规格为 A0 的幅面尺寸为 841 mm×1189 mm，幅面面积为 1 $m^2$；B0 的幅面尺寸为 1 000 mm×1 414 mm，幅面面积为 2.5 $m^2$；C0 的幅面尺寸为 917 mm×1 279 mm，幅面面积为 2.25 $m^2$。

若将 A0 纸张沿长度方向对开成两等分，便成为 A1 规格，将 A1 纸张沿长度方向对开，便成为 A2 规格，如此对开至 A8 规格（见图 1－109）；B0 纸张亦按此法对开至 B8 规格。

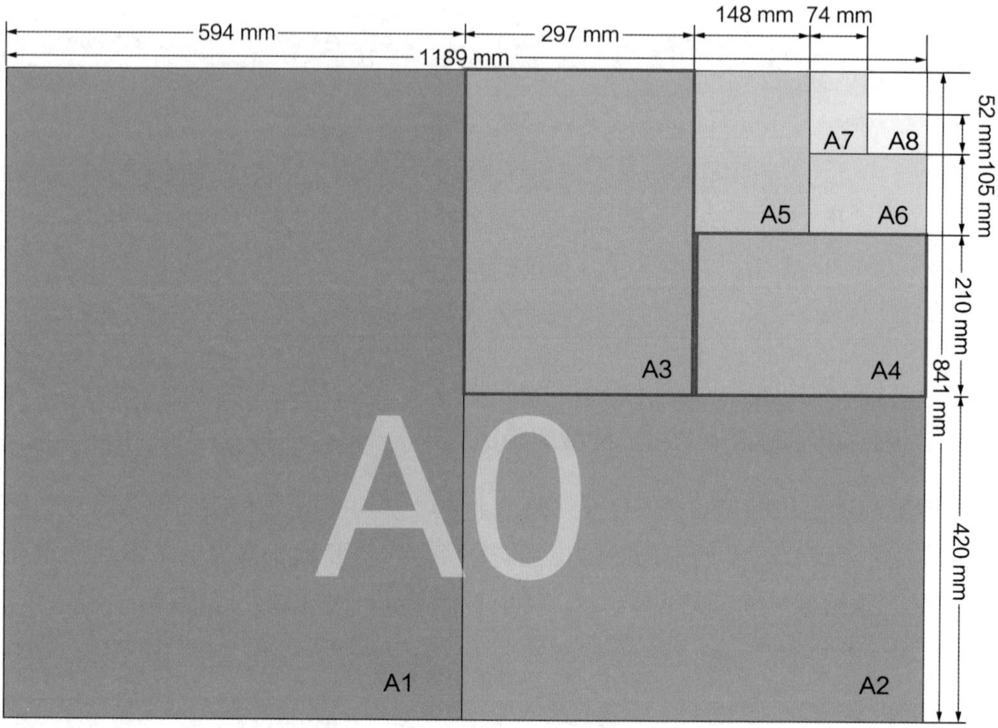


图 1－109　标准纸张尺寸国际标准（ISO 216）

# 第二章

# 版面的文字结构

在版式设计中，文字通常是整个版面的核心。文字编排是版式设计的基础，是构成版式外在形式感的重要视觉要素。即使以图片为主的版面同样离不开文字。

文字是语言的载体，概念、推理、演示、情节等都是通过文字排列得以实现的，阅读与理解是文字的根本特征。在版式设计中如何编排文字，首先应考虑的是文字的易读性、层次性、清晰性，还要考虑文字具备其他视觉要素所没有的符号特征。文字的作用不仅在于描述过程与表达概念，更在于传递丰富的视觉情感。如果将文字作为图形来理解，不同的字体间可以呈现出不同的视觉情感特征，展现出文本所无法表达的直观情感（见图 2－1、图 2－2、图 2－3）。总之，版式设计中的文字运用主要出发点是在读者与版面之间构建有效沟通的途径，创造出符合版面主题的“个性语言”。

图 2－1　文字为主体的版面范例 1
杂志封面设计　设计者：Umer Ahmed

图 2－2　文字为主体的版面范例 2
杂志版式设计　设计者：Creative Voyage

DONDE
NADAN
LAS
IDEAS

La vida está llena de abstracciones y la única manera de entenderla es a través de la intuición. Intuición es ver la solución: verla, saberla. Es la unión de la emoción y el intelecto. Algo esencial para el cineasta.

¿Cómo consigues que algo quede bien? Todo el mundo cuenta con las mismas herramientas: la cámara, las cintas, el mundo y los actores. Pero hay diferencias a la hora de unir esas partes. Y ahí es donde interviene la intuición.

Personalmente, creo que la intuición puede afilarse y expandirse mediante la meditación, sumergiéndose en el Yo. Dentro de todos nosotros existe un océano de conciencia y es un océano de soluciones. Cuando te zambulles en ese océano, en esa conciencia, lo estimulas.

No te sumerges en busca de soluciones específicas; te zambulles para estimular el océano de con-

图 2-3　文字为主体的版面范例 3
版式设计　设计者：Juan Pablo Dellacha

## 第一节　版面文字概述

阅读是一种通过视觉方式获取意义的过程。如何让读者在合适的版面上阅读到比较流畅的文字，迅速理解文字的含义，感受阅读带来的独特体验，这就要求我们在版式设计中对版面与文字做出全面细致的分析与选择。

### 一、版面与文字

人们在阅读时总是将阅读对象（版面）调整在自己的视野范围之内。版面大小与阅读者之间的视觉距离是决定阅读能否有效进行的前提。根据现代人机工程学数据：人们在轻松状态下清晰阅读的水平方向有效视野为 60°，单眼视野竖直方向约 130°，对焦距离为 40 cm。由此我们可以得知在正常的光线下，A4 页面（有效视野范围），9—10 pt 文字（轻松对焦），可作为适宜（手执）阅读的基准条件。因此，如果版面随之放大或者缩小，随着视距的调整，版面上所供阅读的文字大小都得做出相应的改变，根据经验，不同视距下适宜的字符大小可参见图 2-4、图 2-5、表 2-1。

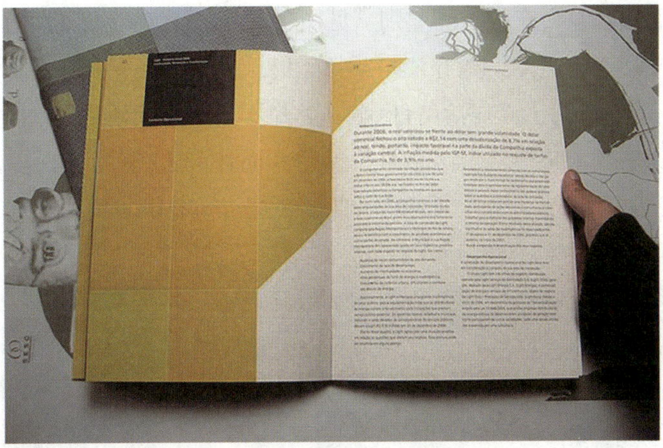

图 2-4　有效视距决定了文字的大小 1

书籍版面设计　设计者：Joao Doria

图 2-5　有效视距决定了文字的大小 2

体育馆导视设计　设计者：ZOLOTO Group

**表 2-1　视距字符对应数值参考表**

| 视距($L$/m) | 1 | 2 | 3 | 5 | 8 | 12 | 20 | 30 | 50 |
|---|---|---|---|---|---|---|---|---|---|
| 字符的尺寸($D$/mm) | 4 | 8 | 12 | 20 | 32 | 48 | 80 | 120 | 200 |

注：字符的尺寸(高度)=(1/200)视距—(1/300)视距。

视距取中间值：字符的尺寸(高度)=视距/250。

## 二、文字与阅读

文字组织表面的视觉形式叫字面，是读者接触文本的第一步。它由文字的字体、字号、字间距及行间距等不同的字面结构予以整体表现，即使相同文本由于组织结构的不一样，所出现的字面效果也会有很大的差别（见图 2 - 6、图 2 - 7）。字面效果的优劣取决于：是不是选择了方便阅读的字体，离开清晰字体，阅读行为不可能顺利进行。是不是选择了符合信息主题的字体，使字面与内容有机融合。是不是采用合理字号对比，既不会因字号相近而让读者感到平淡，又不至于因字号反差过大而让读者感到突兀。寻找一个恰当的文本段落样式使内在要素高度和谐，即有利于信息表达，又能使阅读者得到舒适的阅读体验。

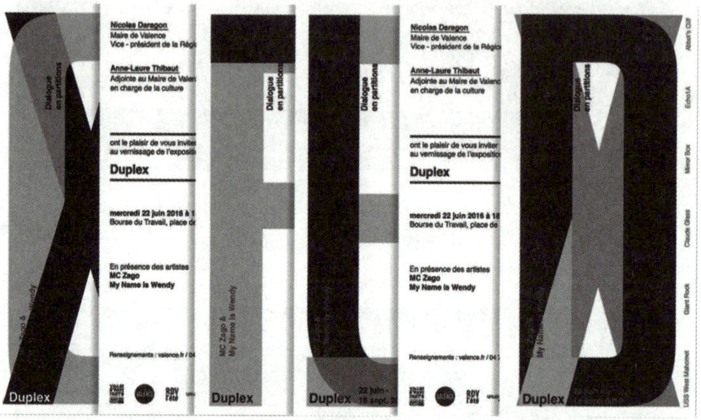


图 2 - 6　不同版面布局的字面效果 1

版式设计　设计者：My Name Is Wendy

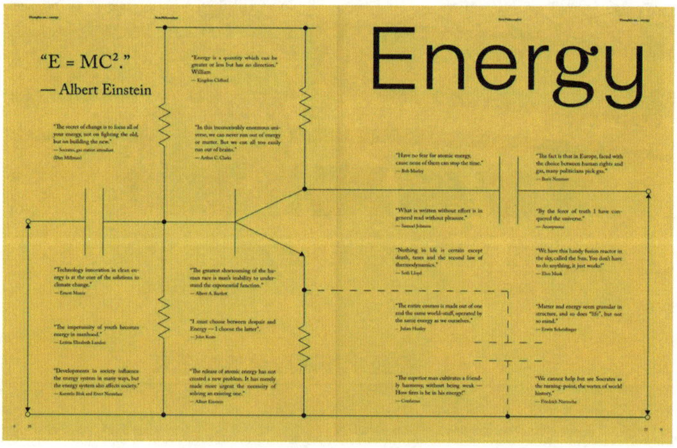


图 2 - 7　不同版面布局的字面效果 2

版式设计　设计者：Studio Patten

## 第二节　怎样选择版面的字体

国内通常将字体分成两大类：一类是印刷字体，包括宋体、仿宋体、楷体、黑体等；另一类是手书字体，包括隶书、魏碑、行楷等。国际上通常将字体划分为四大类：衬线字体、无衬线字体、手书字体和装饰字体。

衬线字体：在字母笔画的开头和收尾处有短短的衬线，笔画粗细对比强烈。

无衬线字体：字体结构简洁，线条粗细均匀，简洁醒目。

手书字体：保留或模仿书写笔迹特征，富有个性与情感。

装饰字体：拥有复杂装饰笔画，观赏性很高。

从视觉形式看国内字体与国际字体有许多相同之处。一般情况下，衬线字体的辨识度要比无衬线字体高；宋体字的可辨识度要比黑体字高。

对版式中字体的选择主要从判断其使用目的，如强化辨识度、突出信息主题、反映独特的个性与情感（民族、文化）、符合时代审美特点等要求出发。在设计中，最佳的字体选择就是能够满足作品相关要求的字体。一般在日常的使用中，中文字体中应用较多的有宋体、仿宋体、楷体、黑体、圆体、综艺体、隶书、魏碑、行楷等（见图 2-8），而英文印刷品中，最常用的字体有 Times New Roman、Garamond、Helvetica、Univers、monotype corsiva（见图 2-9）等，这类常用字体由于其各自的鲜明特点以及大量的应用实践，已经在不同使用场景中形成了各自的使用规范（见表 2-2）。

图 2-8 常用中文字体

图 2-9 常用外文字体

**表 2-2 常用字体特点及适用范围**

| 分类 | 字体名称 | 类型 | 字体特点 | 辨识度 | 适用范围 |
|---|---|---|---|---|---|
| 中文字体 | 宋体 | 印刷体 | 笔画竖粗横细，末端加强、字体平正端庄，结构稳健，均匀 | 强 | 适用于一切正文的字体 |
| | 仿宋体 | 印刷体 | 横竖笔画基本相同，字体秀丽、典雅、纤细轻巧 | 中 | 政府公文、书刊的前言、后记等 |
| | 楷体 | 印刷体 | 字体方正，笔画浑圆端庄，富于变化，柔中有刚，与手写楷书相似 | 弱 | 多用于启蒙教材、引文、小标题等 |
| | 黑体 | 印刷体 | 横竖笔画粗细一致，首尾方正，粗壮有力，厚重，醒目 | 中 | 有强调的效果，一般用于标题或重要的内容提示 |
| | 圆体 | 印刷体 | 笔画粗细一致，柔和、饱满、文静、秀气 | 中 | 一般可用于正文、文字说明 |
| | 综艺体 | 印刷体 | 等线体基础上稍加变化与装饰，朴实、丰腴、稳重 | 弱 | 一般用于企业或商品名称，书刊的标题文字 |
| | 隶书 | 手书字体 | 结构扁方，点画丰腴，起伏圆劲，波磔显著，具有传统字体特征 | 中 | 一般用于标题、文字说明 |
| | 魏碑 | 手书字体 | 朴拙险峻，舒畅流利 | 中 | 一般用于标题 |
| | 行楷 | 手书字体 | 轻松、自然、流畅 | 弱 | 一般用于标题 |

（续表）

| 分类 | 字体名称 | 类型 | 字体特点 | 辨识度 | 适用范围 |
|---|---|---|---|---|---|
| 外文字体 | Times New Roman | 衬线体 | 中规中矩、四平八稳的经典外观，广泛的适用性和易读性，是全球熟知的办公标准字体 | 强 | 适用于杂志和书籍、报告、公文、广告、银幕显示等 |
| | Garamond | 衬线体 | 看着比较舒适，易读性非常高，也是印刷业使用最为广泛的字体之一 | 强 | 适合大篇幅阅读文本用字，是西方文学著作中常用的内文文字 |
| | Univers | 无衬线体 | 明确而客观的形式，具有良好的易读性 | 中 | 可适应长篇文本的排字设计 |
| | Helvetica | 无衬线体 | 简洁清晰、朴素干净、直接醒目，具备了快速、易读特点 | 中 | 适用于表达各种各样的信息。大量使用在标志、电视、新闻标题以及无数的商标中 |
| | monotype corsiva | 手书字体 | 斜形的衬线设计，花式的大写，美观大方 | 弱 | 适合请柬、证书等正式文件，尤其是商标 |

## 第三节 怎样决定版面的字号

### 一、字号

字号是文字的规格（大小）。字号决定了在一定的版面范围内文字阅读的清晰度与承载文本篇幅的长短，同时还能起到区分文字信息层次的作用。目前常用的字号体系共有两种。

#### （一）号数制

铅字的大小称谓体制叫“号数制”，常用的有九种：一号、二号、……七号，还有小五号和小四号。现在许多办公软件仍沿用这种叫法，中文字体中更多地采用号数制。

#### （二）点数制

常用于通用的电脑软件应用，“点”的英文名是 point，音译为“磅”，简写为 p，1 p=0.353 mm。以磅为单位来计量字形高度的体制就是“点数制”。目前英文字体设计中基本采用点数制，每一个字体设计都包括一个完整的标准字体字号对照表（见图 2-10）。

图 2 - 10　标准字体字号对照表

## 二、文本的字号选择

字号的选择离不开读者、文本主题、版式等相关前提。同时也关系到文本字级之间的和谐。适宜的字体大小以及和谐的字体与图片、标题与正文的对比关系对页面的信息传递效率与美观程度影响较大。

### （一）字号的常规选择

1. 正文字号的选择

如图 2 - 11 所示，正文页面中，字体的选择一般采用相对较小的字号，如小四号（12 p）、五号（10.5 p）、小五号（9 p）等。不同类别的出版物由于其各自特性，都有相对固定的字号选择。

（1）理论、政治、经典著作以及中小学教材类版面的正文一般用四号（13.75 p）或小四号字（12 p）；

（2）文艺类、科技类版面的正文一般用五号字（10.5 p）；

（3）各类教材，其版面正文一般用五号字（10.5 p）；

（4）练习题、思考题或表题、图题等类版面，一般用小五号字（9 p）；

（5）注释、表格等类版面一般用六号字（7.87 p）。

图 2-11 国外杂志版面排版案例 1

## 2. 标题字号的选择及层次变化

标题是对文章的概括与提示。如图 2-12 所示，标题的字号选择特点要求变化要少、等级清晰、层次分明、格式统一，标题的字体、字号的选择与正文的反差不宜过大。常见的标题字号选择为一号（21 p）、三号（15.75 p）、四号（13.75 p）等。

图 2-12 国外杂志版面排版案例 2

另外，标题字号的选择一定程度上还取决于页面的规格。如图 2-13、图 2-14 所示，在常规的版式设计中，各级标题字体、字号的选择根据页面的规格大小变化而进行相应调整。一般来说，页面的规格越大，标题字号也就越大。同时，也要根据页面中标题分级的层次选择字号。层次多，一级标题可适当放大；层次少，则可适当缩小字号。如一般 A4 版面的一级标题可选用二号（21 p）或三号（15.75 p）；A5 版面的一级标题可选用三号（15.75 p）或四号（13.75 p）；逐级减小。

图 2-13　国外杂志版面排版案例 3

图 2-14　国外杂志版面排版案例 4

## （二）字号的模数结构

一级标题
二级标题
正文
标注
脚注

图 2-15　标题等级

所谓字号的模数结构，指在相同字号体系内，选择那些具有一定比例级数关系的字号与字体，应用于页面标题、正文以及各类文字信息中，使字面组合形态产生和谐的视觉感受（见图 2-15、图 2-16）。在常用字号中，可根据经典的斐波那契数列提取对应字号如 5，8，13，21，34，55……等，并在其基础上增加 1/2—1/4 的中间数，可以得出许多微妙的数列组合，例如：一级标题小三号（14. 5 p），二级标题五号（11 p），正文小五号（9 p），标注六号（8 p），脚注小六号（7 p）等，这一系列常用字号的组合关系，能够形成非常和谐的字级关系，并大量地在日常设计中得以应用（见表 2-3）。

图 2-16 字号的模数结构

**表 2-3 常用字号应用表**

| 字号 | 磅数/p | 毫米/mm | 主要用途 |
| --- | --- | --- | --- |
| 八号 | 5 | 14.7 | 排角标 |
| 七号 | 5.25 | 1.84 | 排角标 |
| 小六号 | 7.78 | 2.46 | 排角标、注文 |
| 六号 | 7.87 | 2.8 | 角注、版权注文 |
| 小五号 | 9 | 3.15 | 注文、报刊正文 |
| 五号 | 10.5 | 3.67 | 书刊报纸正文 |
| 小四号 | 12 | 4.2 | 标题、正文 |
| 四号 | 13.75 | 4.81 | 标题、公文正文 |
| 小三号 | 15 | 5.3 | 标题、公文正文 |
| 三号 | 15.75 | 5.62 | 标题、公文正文 |
| 小二号 | 18 | 6.36 | 标题 |
| 二号 | 21 | 7.35 | 标题 |
| 小一号 | 24 | 8.5 | 标题 |
| 一号 | 27.5 | 9.63 | 标题 |
| 小初号 | 36 | 12.6 | 标题 |
| 初号 | 42 | 14.7 | 标题 |

## （三）中文与外文混排的处理方式

### 1. 字体风格的对应

在中文与外文混排时，需要注意的是中外文字体的对应关系。一般中文的等线体配套外文的无衬线字体，中文的宋体配套外文的衬线字体。但具体到某一种中文字体与哪种外文字体配合最为恰当，则需要做不同的样张进行比较，以选择最合适的配套字体。如图 2－17 所示，对应关系的中外文组合还涉及字体风格、字号、粗细等多个方面的匹配。

版面设计 | Layout
中文与英文字体风格不匹配
版面设计 | Layout
中文与英文字划粗细不一致
版面设计 | Layout
中文与英文字形大小不相同
版面设计 | Layout
中文与英文较为搭配

图 2－17　中外文字体混排关系案例 1

### 2. 字体规格的匹配

中文与外文混合使用时，中文字号应该比外文字号小 0.5 p 左右。如图 2－18 所示，上面的一段文本里的中英文都采用同一套字体，中英文字体大小之间存在一点差

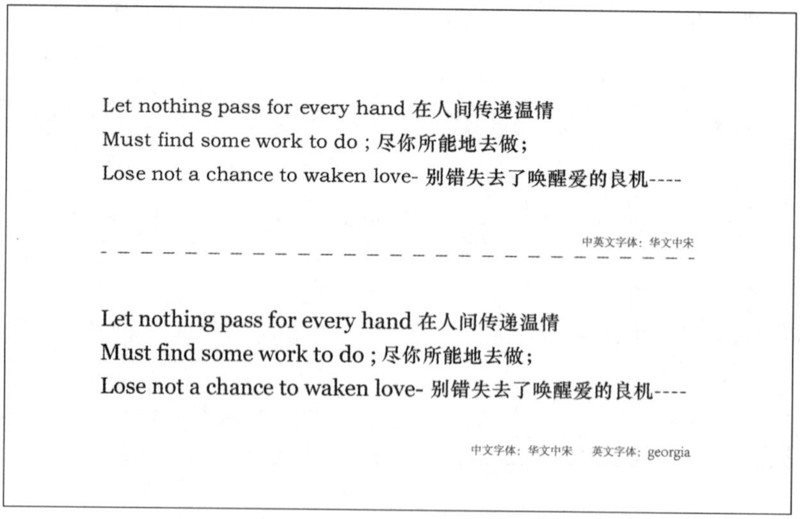
Let nothing pass for every hand 在人间传递温情
Must find some work to do ; 尽你所能地去做；
Lose not a chance to waken love- 别错失去了唤醒爱的良机----
中英文字体：华文中宋
Let nothing pass for every hand 在人间传递温情
Must find some work to do ; 尽你所能地去做；
Lose not a chance to waken love- 别错失去了唤醒爱的良机----
中文字体：华文中宋　英文字体：georgia

图 2－18　中外文字体混排关系案例 2

别，且英文字母的间距较宽，文本段落整体存在一定错落。下面的一段文本中，英文字体选择与中文字体风格比较接近的字体，并适当调整了字号，文本段落的整体风格较为协调。

## 第四节　文字的组合规律

### 一、文字的组合规律

文字的易读性与以下要素相关：字体、字号、字间距、行间距、段落规范等。

#### （一）字间距

如图 2－19 所示，字间距就是指文本中每一个文字与其左右文字之间的距离。字间距关乎一行或者一个段落的文字的密度，同样也影响到阅读的舒适感。字间距用百分比表示，常用字间距的幅度为字号的 5％～10％。

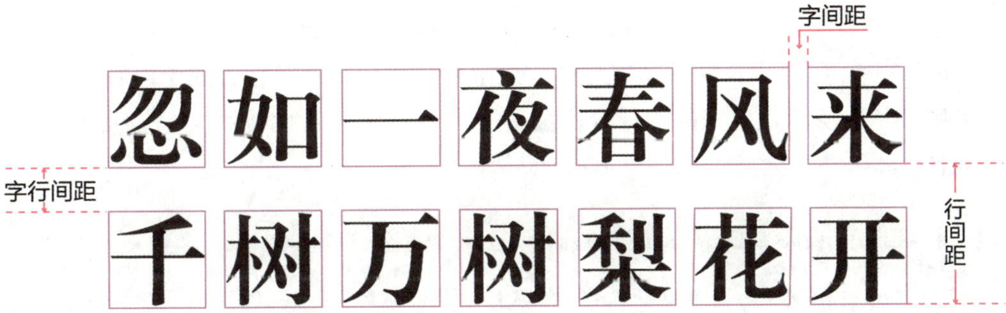


图 2－19　字间距与行间距

#### （二）行间距

行间距是从上一行文字的底部到下一行文字底部的距离（见图 2－19）。行间距的宽窄直接影响到阅读强度。过宽，增加了视线的移动距离，加大了阅读难度。过窄，限制了视线的移动，容易产生阅读错行。行间距同样用百分比表示，常用行间距的幅度为字高的 150％～200％。

如图 2－20 所示，在设计中一旦忽视字间距与行间距的设置，会明显地降低文本的易读性。而合适的字间距、行间距设置，可以带来美观、和谐的视觉感受，并为提高文本的易读性提供帮助。

轻轻的我走了，正如我轻轻的来；
我轻轻的招手，作别西天的云彩。
那河畔的金柳，是夕阳中的新娘；
波光里的艳影，在我的心头荡漾。

较好的文本阅读性

---

轻轻的我走了，正如我轻轻的来；
我轻轻的招手，作别西天的云彩。
那河畔的金柳，是夕阳中的新娘；
波光里的艳影，在我的心头荡漾。

不设字间距，带来文本阅读性的下降

---

轻轻的我走了，正如我轻轻的来；
我轻轻的招手，作别西天的云彩。
那河畔的金柳，是夕阳中的新娘；
波光里的艳影，在我的心头荡漾。

不设字行距，带来文本阅读性的困难

图 2-20　字间距、行间距与阅读性的关系

## （三）字行长度

眼睛在字行上移动阅读并感到疲劳的长度极限，据测是每行 80 mm～105 mm（18～35 个字）。超过该长度的文字行，一般都要采用换行或分栏方式予以解决。

如图 2-21 所示，适宜的字行分栏段落长度同样可以帮助提高文本自身的易读性与美观性。

滚滚长江东逝水，浪花淘尽英雄。是非成败转头空。青山依旧在，几度夕阳红。白发渔樵江渚上，惯看秋月春风。一壶浊酒喜相逢。古今多少事，都付笑谈中。——调寄《临江仙》

话说天下大势，分久必合，合久必分。周末七国分争，并入于秦。及秦灭之后，楚、汉分争，又并入于汉。汉朝自高祖斩白蛇而起义，一统天下，后来光武中兴，传至献帝，遂分为三国。推其致乱之由，殆始于桓、灵二帝。桓帝禁锢善类，崇信宦官。及桓帝崩，灵帝即位，大将军窦武、太傅陈蕃共相辅佐。时有宦官曹节等弄权，窦武、陈蕃谋诛之，机事不密，反为所害，中涓自此愈横。

过宽的段落文本容易造成阅读的困难

---

滚滚长江东逝水，浪花淘尽英雄。是非成败转头空。青山依旧在，几度夕阳红。白发渔樵江渚上，惯看秋月春风。一壶浊酒喜相逢。古今多少事，都付笑谈中。——调寄《临江仙》

话说天下大势，分久必合，合久必分。周末七国分争，并入于秦。及秦灭之后，楚、汉分争，又并入于汉。汉朝自高祖斩白蛇而起义，一统天下，后来光武中兴，传至献帝，遂分为三国。推其致乱之由，殆始于桓、灵二帝。桓帝禁锢善类，崇信宦官。及桓帝崩，灵帝即位，大将军窦武、太傅陈蕃共相辅佐。时有宦官曹节等弄权，窦武、陈蕃谋诛之，机事不密，反为所害，中涓自此愈横。

合适的段落文本提供便捷的阅读

图 2-21　字行分栏

## (四) 段落规范

段落是由一个中心意思形成的句子的集合体。是字面构成的基本单位，是换行另起的标志，通常用回车符区分。

### 1. 段落的文字排列

1）文字排列格式

文字排列格式即段落文字的对齐格式。左对齐对阅读来讲是最方便与舒服的格式，既符合从左到右的阅读习惯，又方便寻找每一行的开头。右对齐和中间对齐，是一种独特的对齐形式，只能适用于少量字体的特殊文本，因为不规则的字行开头会增加阅读的难度。两端对齐是最完美的对齐方式，主要适用于充分利用版面的情况，如报纸，但有时不得不牺牲文字间的均匀感。

左对齐：文字在行内左齐顶格排（见图 2－22）；

右对齐：文字在行内右齐顶格排（见图 2－23）；

中间对齐：文字在行内左右居中（见图 2－24）；

两端对齐：文字在行内以文字块为宽均匀拉开（见图 2－25）。

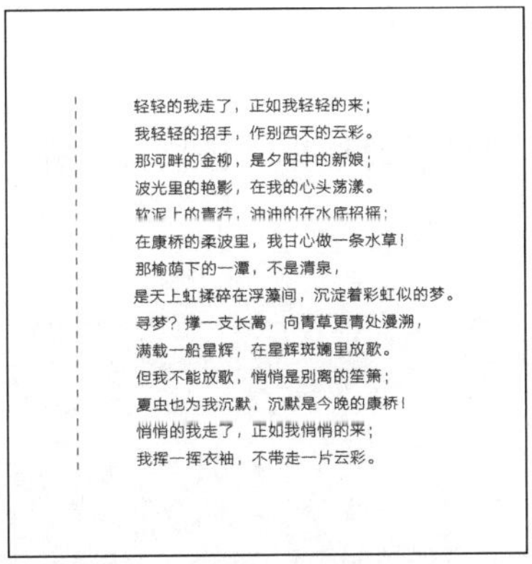


图 2－22 左对齐格式

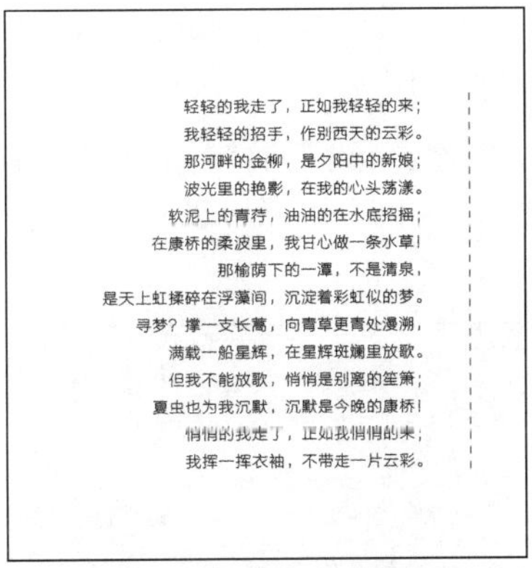


图 2－23 右对齐格式

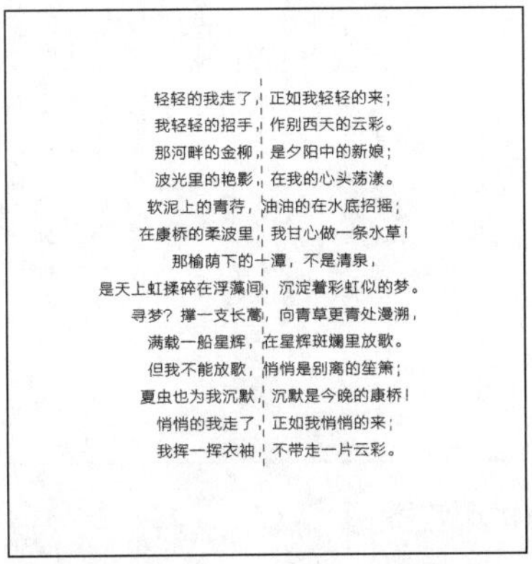


图 2－24 中间对齐格式

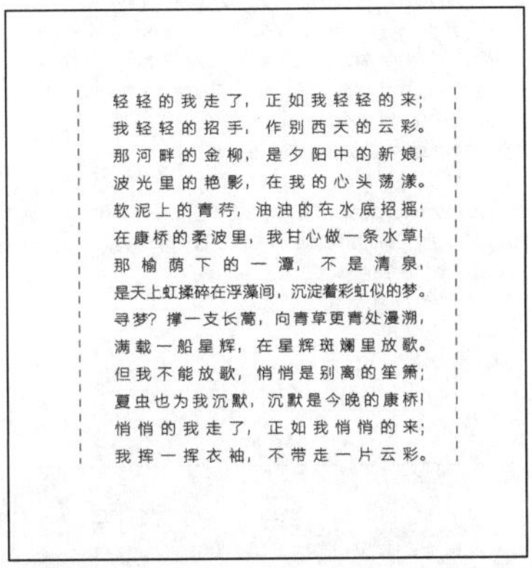


图 2－25 两端对齐格式

通过不同的案例设计可以发现，不同的对齐方式在设计应用中，因其各自独特的形式，从而能够呈现完全不同的视觉效果，并配合页面主体的展示与信息的传递（见图 2－26、图 2－27、图 2－28）。

图 2－26　对齐格式案例 1
海报设计　设计者：Quim Marin

图 2－27　对齐格式案例 2
版式设计　设计者：Noir96

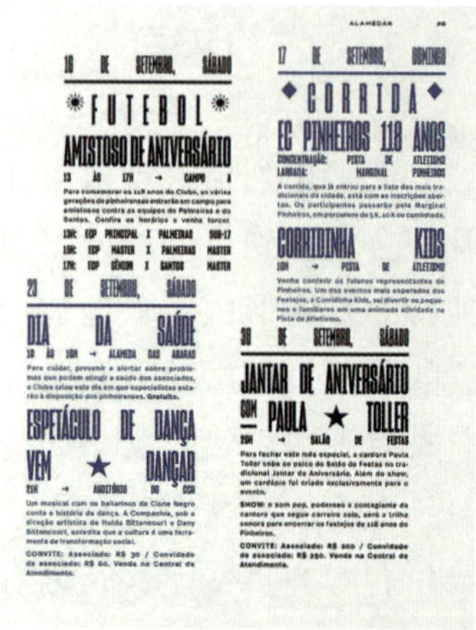


图 2－28　对齐格式案例 3
版式设计　设计者：polar

2）文字排列类型

文字排列类型一般有横排和竖排、密排和疏排、通栏排和分栏排三种。

（1）横排和竖排（见图 2－29）。

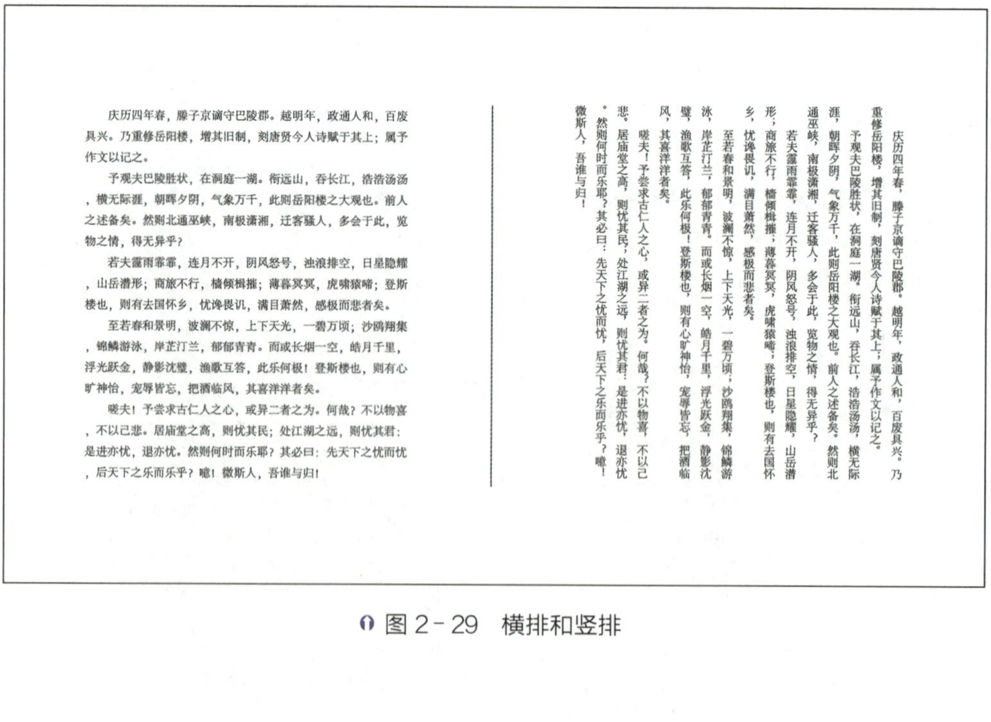

庆历四年春，滕子京谪守巴陵郡。越明年，政通人和，百废具兴。乃重修岳阳楼，增其旧制，刻唐贤今人诗赋于其上；属予作文以记之。

予观夫巴陵胜状，在洞庭一湖。衔远山，吞长江，浩浩汤汤，横无际涯，朝晖夕阴，气象万千，此则岳阳楼之大观也。前人之述备矣。然则北通巫峡，南极潇湘，迁客骚人，多会于此，览物之情，得无异乎？

若夫霪雨霏霏，连月不开，阴风怒号，浊浪排空，日星隐耀，山岳潜形；商旅不行，樯倾楫摧；薄暮冥冥，虎啸猿啼；登斯楼也，则有去国怀乡，忧谗畏讥，满目萧然，感极而悲者矣。

至若春和景明，波澜不惊，上下天光，一碧万顷；沙鸥翔集，锦鳞游泳，岸芷汀兰，郁郁青青。而或长烟一空，皓月千里，浮光跃金，静影沉璧，渔歌互答，此乐何极！登斯楼也，则有心旷神怡，宠辱皆忘，把酒临风，其喜洋洋者矣。

嗟夫！予尝求古仁人之心，或异二者之为。何哉？不以物喜，不以己悲。居庙堂之高，则忧其民；处江湖之远，则忧其君：是进亦忧，退亦忧。然则何时而乐耶？其必曰：先天下之忧而忧，后天下之乐而乐乎？噫！微斯人，吾谁与归！

庆历四年春，滕子京谪守巴陵郡。越明年，政通人和，百废具兴。乃重修岳阳楼，增其旧制，刻唐贤今人诗赋于其上；属予作文以记之。

予观夫巴陵胜状，在洞庭一湖。衔远山，吞长江，浩浩汤汤，横无际涯，朝晖夕阴，气象万千，此则岳阳楼之大观也。前人之述备矣。然则北通巫峡，南极潇湘，迁客骚人，多会于此，览物之情，得无异乎？

若夫霪雨霏霏，连月不开，阴风怒号，浊浪排空，日星隐耀，山岳潜形；商旅不行，樯倾楫摧；薄暮冥冥，虎啸猿啼；登斯楼也，则有去国怀乡，忧谗畏讥，满目萧然，感极而悲者矣。

至若春和景明，波澜不惊，上下天光，一碧万顷；沙鸥翔集，锦鳞游泳，岸芷汀兰，郁郁青青。而或长烟一空，皓月千里，浮光跃金，静影沉璧，渔歌互答，此乐何极！登斯楼也，则有心旷神怡，宠辱皆忘，把酒临风，其喜洋洋者矣。

嗟夫！予尝求古仁人之心，或异二者之为。何哉？不以物喜，不以己悲。居庙堂之高，则忧其民；处江湖之远，则忧其君：是进亦忧，退亦忧。然则何时而乐耶？其必曰：先天下之忧而忧，后天下之乐而乐乎？噫！微斯人，吾谁与归！

图 2－29　横排和竖排

横排：字序是自左而右，行序是自上而下。

竖排：字序是自上而下，行序是自右而左。

（2）密排和疏排（见图 2－30）。

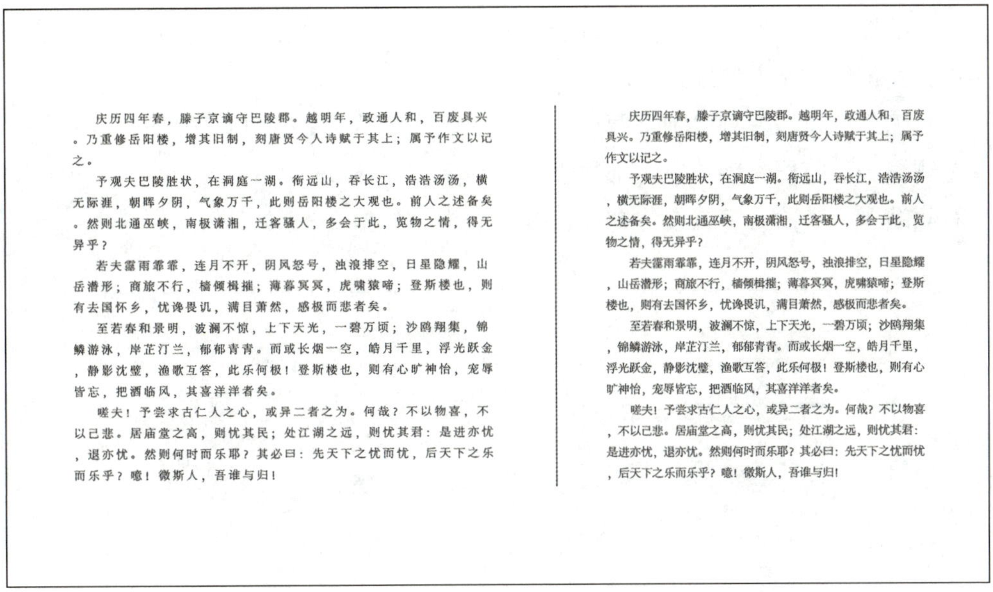
庆历四年春，滕子京谪守巴陵郡。越明年，政通人和，百废具兴。乃重修岳阳楼，增其旧制，刻唐贤今人诗赋于其上；属予作文以记之。

予观夫巴陵胜状，在洞庭一湖。衔远山，吞长江，浩浩汤汤，横无际涯，朝晖夕阴，气象万千，此则岳阳楼之大观也。前人之述备矣。然则北通巫峡，南极潇湘，迁客骚人，多会于此，览物之情，得无异乎？

若夫霪雨霏霏，连月不开，阴风怒号，浊浪排空，日星隐耀，山岳潜形；商旅不行，樯倾楫摧；薄暮冥冥，虎啸猿啼；登斯楼也，则有去国怀乡，忧谗畏讥，满目萧然，感极而悲者矣。

至若春和景明，波澜不惊，上下天光，一碧万顷；沙鸥翔集，锦鳞游泳，岸芷汀兰，郁郁青青。而或长烟一空，皓月千里，浮光跃金，静影沉璧，渔歌互答，此乐何极！登斯楼也，则有心旷神怡，宠辱皆忘，把酒临风，其喜洋洋者矣。

嗟夫！予尝求古仁人之心，或异二者之为。何哉？不以物喜，不以己悲。居庙堂之高，则忧其民；处江湖之远，则忧其君：是进亦忧，退亦忧。然则何时而乐耶？其必曰：先天下之忧而忧，后天下之乐而乐乎？噫！微斯人，吾谁与归！

庆历四年春，滕子京谪守巴陵郡。越明年，政通人和，百废具兴。乃重修岳阳楼，增其旧制，刻唐贤今人诗赋于其上；属予作文以记之。

予观夫巴陵胜状，在洞庭一湖。衔远山，吞长江，浩浩汤汤，横无际涯，朝晖夕阴，气象万千，此则岳阳楼之大观也。前人之述备矣。然则北通巫峡，南极潇湘，迁客骚人，多会于此，览物之情，得无异乎？

若夫霪雨霏霏，连月不开，阴风怒号，浊浪排空，日星隐耀，山岳潜形；商旅不行，樯倾楫摧；薄暮冥冥，虎啸猿啼；登斯楼也，则有去国怀乡，忧谗畏讥，满目萧然，感极而悲者矣。

至若春和景明，波澜不惊，上下天光，一碧万顷；沙鸥翔集，锦鳞游泳，岸芷汀兰，郁郁青青。而或长烟一空，皓月千里，浮光跃金，静影沉璧，渔歌互答，此乐何极！登斯楼也，则有心旷神怡，宠辱皆忘，把酒临风，其喜洋洋者矣。

嗟夫！予尝求古仁人之心，或异二者之为。何哉？不以物喜，不以己悲。居庙堂之高，则忧其民；处江湖之远，则忧其君：是进亦忧，退亦忧。然则何时而乐耶？其必曰：先天下之忧而忧，后天下之乐而乐乎？噫！微斯人，吾谁与归！

图 2－30 密排和疏排

密排：字与字之间没有空隙的排法，一般书刊正文多采用密排。

疏排：字与字之间留有一些空隙和加大行距的排法，大多用于幼儿教科书及通俗读物。

（3）通栏排和分栏排（见图 2－31、图 2－32）。

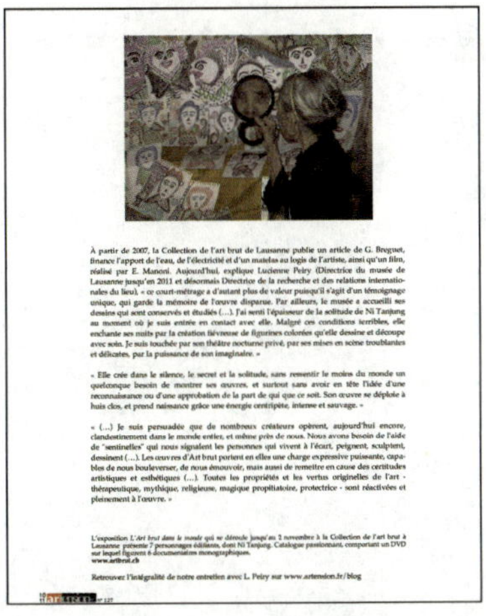

图 2－31 通栏排示意

图 2－32 分栏排示意

通栏排：以版心的宽度为字行的长度，这是一般版面通常排版的方法。

分栏排：有些版面，版心宽度较大，为了缩短过长的字行，正文往往进行分栏排，栏目可分为两栏（双栏）、三栏甚至多栏。

3）文字的缩进

文字的缩进指本段文字的某一部分向特定方向缩进的处理。一般常见的形式有首行缩进、左侧缩进和右侧缩进。

首行缩进：每段首行必须空两格，特殊的版式作特殊处理（见图 2－33）。

左侧缩进：整段文字在左边都缩进若干毫米（见图 2－34）。

右侧缩进：整段文字在右边都缩进若干毫米（见图 2－35）。

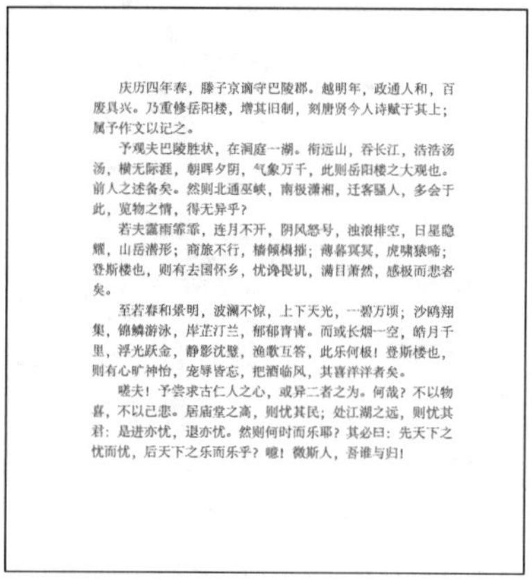

庆历四年春，滕子京谪守巴陵郡。越明年，政通人和，百废具兴。乃重修岳阳楼，增其旧制，刻唐贤今人诗赋于其上；属予作文以记之。

予观夫巴陵胜状，在洞庭一湖。衔远山，吞长江，浩浩汤汤，横无际涯，朝晖夕阴，气象万千，此则岳阳楼之大观也。前人之述备矣。然则北通巫峡，南极潇湘，迁客骚人，多会于此，览物之情，得无异乎？

若夫霪雨霏霏，连月不开，阴风怒号，浊浪排空，日星隐耀，山岳潜形；商旅不行，樯倾楫摧；薄暮冥冥，虎啸猿啼；登斯楼也，则有去国怀乡，忧谗畏讥，满目萧然，感极而悲者矣。

至若春和景明，波澜不惊，上下天光，一碧万顷；沙鸥翔集，锦鳞游泳，岸芷汀兰，郁郁青青。而或长烟一空，皓月千里，浮光跃金，静影沉璧，渔歌互答，此乐何极！登斯楼也，则有心旷神怡，宠辱皆忘，把酒临风，其喜洋洋者矣。

嗟夫！予尝求古仁人之心，或异二者之为。何哉？不以物喜，不以己悲。居庙堂之高，则忧其民；处江湖之远，则忧其君：是进亦忧，退亦忧。然则何时而乐耶？其必曰：先天下之忧而忧，后天下之乐而乐乎？噫！微斯人，吾谁与归！

图 2－33　首行缩进

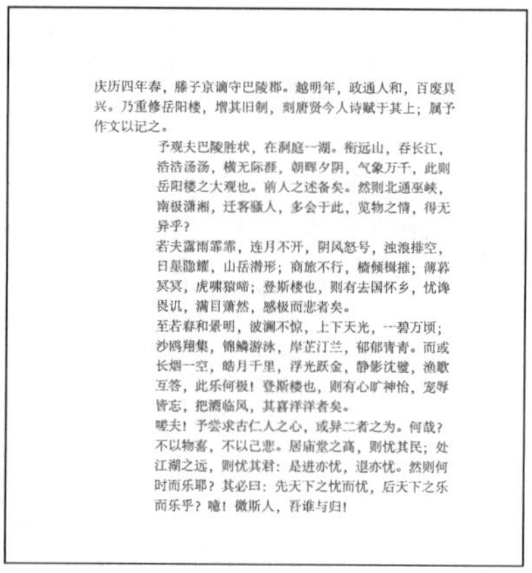

庆历四年春，滕子京谪守巴陵郡。越明年，政通人和，百废具兴。乃重修岳阳楼，增其旧制，刻唐贤今人诗赋于其上；属予作文以记之。

予观夫巴陵胜状，在洞庭一湖。衔远山，吞长江，浩浩汤汤，横无际涯，朝晖夕阴，气象万千，此则岳阳楼之大观也。前人之述备矣。然则北通巫峡，南极潇湘，迁客骚人，多会于此，览物之情，得无异乎？

若夫霪雨霏霏，连月不开，阴风怒号，浊浪排空，日星隐耀，山岳潜形；商旅不行，樯倾楫摧；薄暮冥冥，虎啸猿啼；登斯楼也，则有去国怀乡，忧谗畏讥，满目萧然，感极而悲者矣。

至若春和景明，波澜不惊，上下天光，一碧万顷；沙鸥翔集，锦鳞游泳，岸芷汀兰，郁郁青青。而或长烟一空，皓月千里，浮光跃金，静影沉璧，渔歌互答，此乐何极！登斯楼也，则有心旷神怡，宠辱皆忘，把酒临风，其喜洋洋者矣。

嗟夫！予尝求古仁人之心，或异二者之为。何哉？不以物喜，不以己悲。居庙堂之高，则忧其民；处江湖之远，则忧其君：是进亦忧，退亦忧。然则何时而乐耶？其必曰：先天下之忧而忧，后天下之乐而乐乎？噫！微斯人，吾谁与归！

图 2－34　左侧缩进

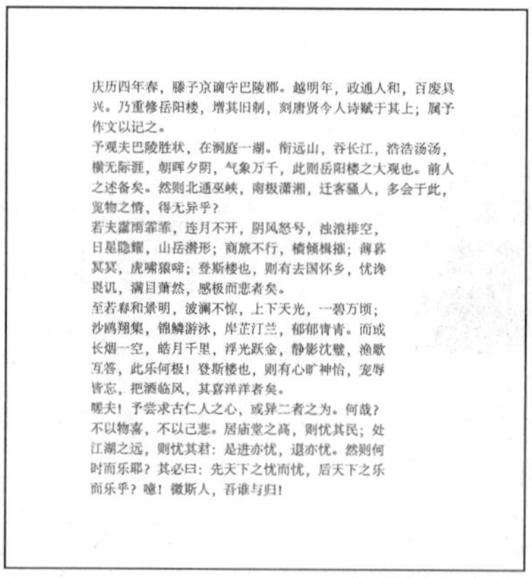

庆历四年春，滕子京谪守巴陵郡。越明年，政通人和，百废具兴。乃重修岳阳楼，增其旧制，刻唐贤今人诗赋于其上；属予作文以记之。

予观夫巴陵胜状，在洞庭一湖。衔远山，吞长江，浩浩汤汤，横无际涯，朝晖夕阴，气象万千，此则岳阳楼之大观也。前人之述备矣。然则北通巫峡，南极潇湘，迁客骚人，多会于此，览物之情，得无异乎？

若夫霪雨霏霏，连月不开，阴风怒号，浊浪排空，日星隐耀，山岳潜形；商旅不行，樯倾楫摧；薄暮冥冥，虎啸猿啼；登斯楼也，则有去国怀乡，忧谗畏讥，满目萧然，感极而悲者矣。

至若春和景明，波澜不惊，上下天光，一碧万顷；沙鸥翔集，锦鳞游泳，岸芷汀兰，郁郁青青。而或长烟一空，皓月千里，浮光跃金，静影沉璧，渔歌互答，此乐何极！登斯楼也，则有心旷神怡，宠辱皆忘，把酒临风，其喜洋洋者矣。

嗟夫！予尝求古仁人之心，或异二者之为。何哉？不以物喜，不以己悲。居庙堂之高，则忧其民；处江湖之远，则忧其君：是进亦忧，退亦忧。然则何时而乐耶？其必曰：先天下之忧而忧，后天下之乐而乐乎？噫！微斯人，吾谁与归！

图 2－35　右侧缩进

4）段落前、后控制

段落前、后控制一般是通过控制段前距与段后距来体现的。

段前距：在本段文字之前与上段文字间空出的距离，体现与上一段落之间的间隔层次（见图 2－36）。

段后距：在本段文字之后与下段文字间空出的距离，体现与下一段落之间的间隔层次（见图 2－37）。

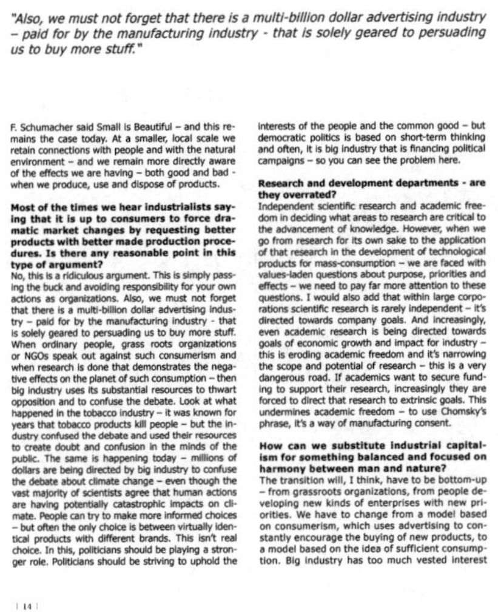

*"Also, we must not forget that there is a multi-billion dollar advertising industry – paid for by the manufacturing industry - that is solely geared to persuading us to buy more stuff."*

F. Schumacher said Small is Beautiful – and this remains the case today. At a smaller, local scale we retain connections with people and with the natural environment – and we remain more directly aware of the effects we are having – both good and bad - when we produce, use and dispose of products.

**Most of the times we hear industrialists saying that it is up to consumers to force dramatic market changes by requesting better products with better made production procedures. Is there any reasonable point in this type of argument?**

No, this is a ridiculous argument. This is simply passing the buck and avoiding responsibility for your own actions as organizations. Also, we must not forget that there is a multi-billion dollar advertising industry – paid for by the manufacturing industry - that is solely geared to persuading us to buy more stuff. When ordinary people, grass roots organizations or NGOs speak out against such consumerism and when research is done that demonstrates the negative effects on the planet of such consumption – then big industry uses its substantial resources to thwart opposition and to confuse the debate. Look at what happened in the tobacco industry – it was known for years that tobacco products kill people – but the industry confused the debate and used their resources to create doubt and confusion in the minds of the public. The same is happening today – millions of dollars are being directed by big industry to confuse the debate about climate change – even though the vast majority of scientists agree that human actions are having potentially catastrophic impacts on climate. People can try to make more informed choices – but often the only choice is between virtually identical products with different brands. This isn't real choice. In this, politicians should be playing a stronger role. Politicians should be striving to uphold the interests of the people and the common good – but democratic politics is based on short-term thinking and often, it is big industry that is financing political campaigns – so you can see the problem here.

**Research and development departments - are they overrated?**

Independent scientific research and academic freedom in deciding what areas to research are critical to the advancement of knowledge. However, when we go from research for its own sake to the application of that research in the development of technological products for mass-consumption – we are faced with values-laden questions about purpose, priorities and effects – we need to pay far more attention to these questions. I would also add that within large corporations scientific research is rarely independent – it's directed towards company goals. And increasingly, even academic research is being directed towards goals of economic growth and impact for industry – this is eroding academic freedom and it's narrowing the scope and potential of research – this is a very dangerous road. If academics want to secure funding to support their research, increasingly they are forced to direct that research to extrinsic goals. This undermines academic freedom – to use Chomsky's phrase, it's a way of manufacturing consent.

**How can we substitute industrial capitalism for something balanced and focused on harmony between man and nature?**

The transition will, I think, have to be bottom-up – from grassroots organizations, from people developing new kinds of enterprises with new priorities. We have to change from a model based on consumerism, which uses advertising to constantly encourage the buying of new products, to a model based on the idea of sufficient consumption. Big industry has too much vested interest

| 14 |

图 2－36 段前距示意

JURY REPORT

110

图 2－37 段后距示意

5）防止背题

标题排在前一页的页末，与其相关的正文被迫排到下页开始处，导致标题与正文文字脱离的情况称作背题。一般要求二、三级标题下应不少于两行正文。

6）单字不成行，单行不成页

段落的最后一行如只剩一个字一般应将本段的标点符号进行调整，将所剩的单字挤到上行，或上一行挤下几个字，以避免单字成行的现象出现；同样的，如果一个页面中出现只有一行文字内容的情况，也应该对排版格式和文字段落进行调整，避免单行成页的情况出现。

7）标点符号排版规则

(1) 标点符号常用排法有以下几种。

全角式（又称全身式）：在全篇文章中除了两个标点符号连在一起时，前一标点符号用半角外，所有标点符号都用全角。

开明式：凡表示一句结束的标点符号（如句号“。”“?”“!”“:”等）用全角外，其他标点符号全部用半角。目前大多数出版物用此法。

行末对开式：这种排法要求凡排在行末的标点符号都用半角，以保证行末版口都在一条直线上。

全部对开式：全部标点符号（“——”“……”除外）都用半角版。这种排版多用于工具书。

竖排式：在竖排中标点符号一般为全角，排在字的中心或右上角。

自由式：一些标点符号不遵循排版禁则，一般在国外比较普遍。

(2) 标点符号禁则指的是禁止出现的标点符号排版方式，主要有以下几种。

行首标点符号禁则：像“。”“，”“、”“?”“!”“：”“””“）”“》”等标点符号不能出现在行首。

行末标点符号禁则：像“（”“【”“￥”等标点符号不能出现在行末。

行末拆分禁则：换行时完整数字、占两个字的符号（如“——”“……”）、数字前后附加的符号（如35%、r25、－30℃、×15、～45）不可拆分。一般可采用伸、缩排法解决标点符号的排版禁则。

图2－38、图2－39中红色箭头所示都是常见的标点符号禁则，应在实际的设计应用中严格把握，避免此类情况的发生。

▸。何哉？不以物喜，不以己悲。

▸，政通人和，百废具兴。

▸？不以物喜，不以己悲。

▸！予尝求古仁人之心，或异二者之为。

▸：是进亦忧，退亦忧。

▸”客曰：“今者薄暮，举网得鱼，巨口细鳞，
状如松江之鲈。顾安所得酒乎?”归而谋诸妇。

▸）是我国理学的开山祖，他的理学思想在中国哲学史
上起到了承前启后的作用。

▸》：“其为人也，发愤忘食，乐以忘忧，
不知老之将至云尔。”

---

又迴忆六七年前，吾之逃家复归也，汝泣告我：【◂

中国古典文学名著丛书--东周列国志(◂

人间名家经典散文书系（套装20册）￥◂

图2－38　标点符号禁则案例1

因为他认为祖母变成了恶魔…◂

CaCO3碳酸钙有这样一种性质：当它遇到溶有CO2的水时就会变
成可溶性的碳酸氢钙[Ca（HCO3）2]其化学反应式为[Ca（HC ◂
O3）2]CaCO3+CO2+H2O=Ca（HCO3）2溶有碳酸氢钙的水如果
受热或遇压强突然变小时溶在水中的碳酸氢钙就会分解，重新变
成碳酸钙沉积下来，并同时放出二氧化碳。Ca（HCO32=CaCO ◂
3↓+CO2↑+H2O

图2－39　标点符号禁则案例2

# 第五节 文字的编排设计

版式设计中的文字编排是为了强调版面的信息传播作用，提高版面的诉求力，创造版面的审美价值而进行的一系列创造性活动。如何使文字（标题，正文）在版式中有效展示自己应有的价值。找到一个版式设计的切入点是学习并掌握文字编排方法的关键。

## 一、标题（少量文字）的设计

标题是文章或段落内容的概括与提示。独特的标题设计可使读者迅速了解文章的主要内容和主题，标题的形式一般可分为总标题、副标题、分标题等。

在这类版式中少量文字（标题）是版面中心，一条少量文字（标题）具有一根线的特性，无论是在竖向版面（见图 2－40）还是横向版面（见图 2－41）设计中，通过设定标题位置，都可以产生对版面空间区域的划分作用，形成不同版面区域间的空间对比关系。通过对版面内少量文字（标题）比例的调整，可获得不同的少量文字（标题）注目度方案，为版式设计寻找出不同以往的个性表达方式。

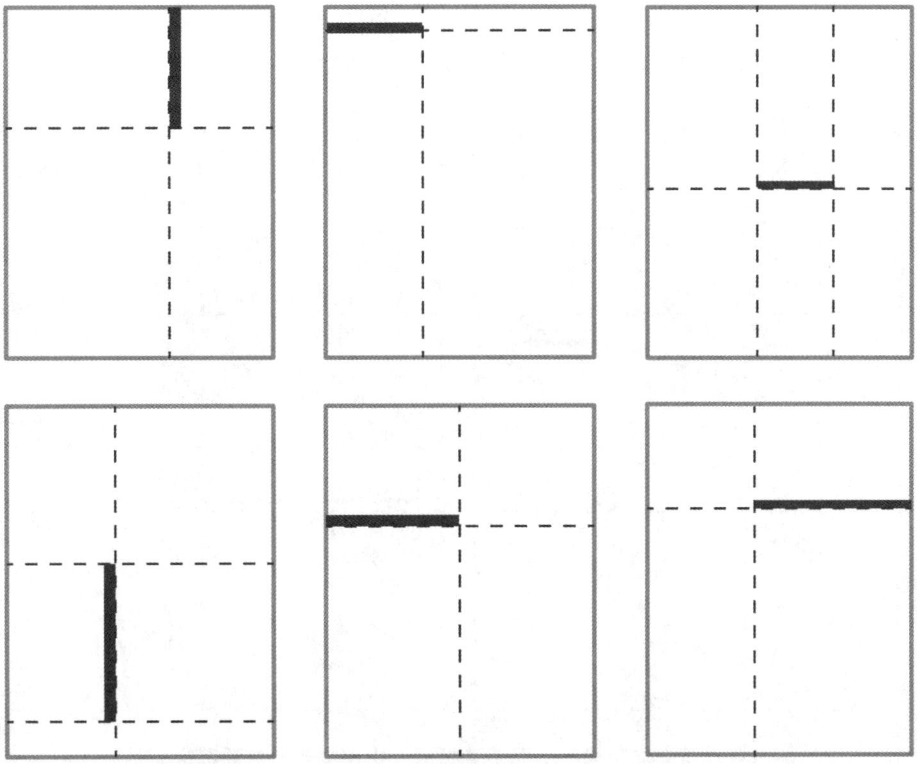

（续图）

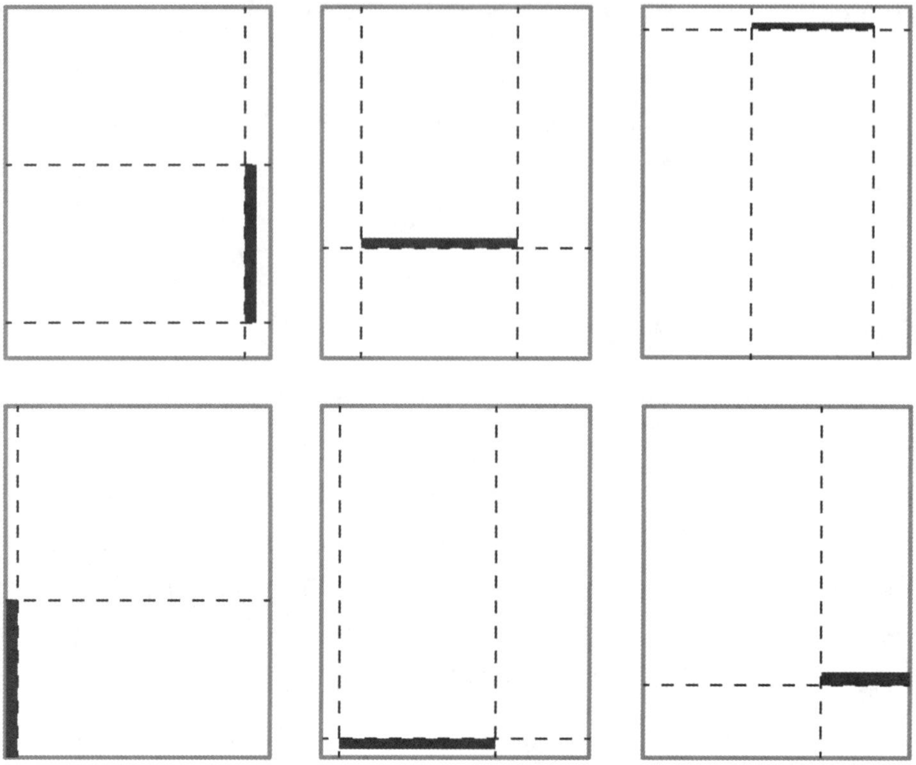

图 2-40 竖向版面中的标题（少量文字）位置选择

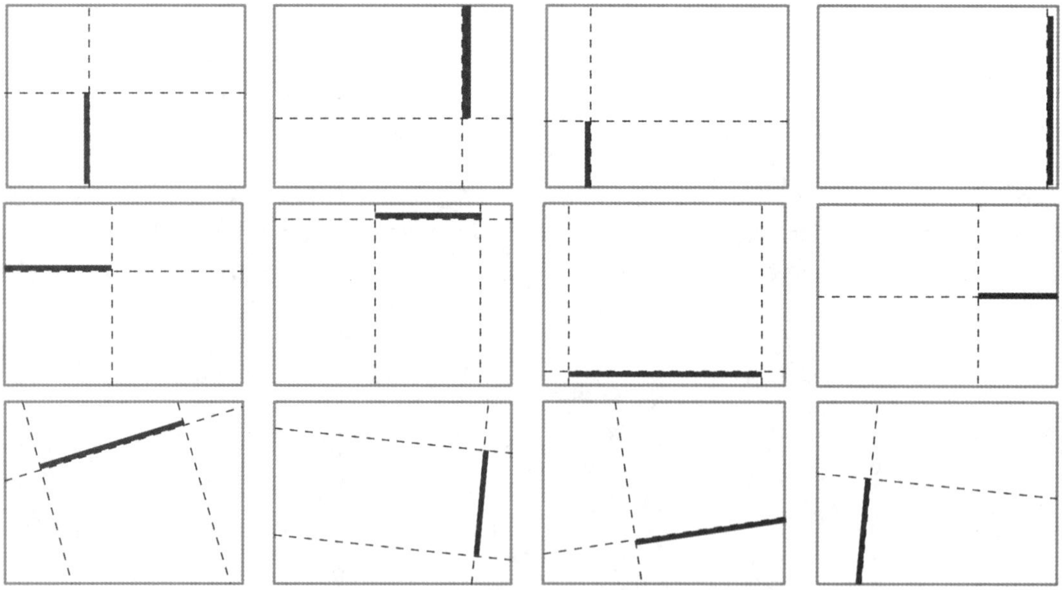

图 2-41 横向版面中的标题（少量文字）位置选择

## （一）划分版面区域

通过对少量文字（标题）的位置定位，能够重新划分版面区域，并制造出新的区域对比的结构关系。如图 2-42、图 2-43 所示，通过调整少量文字（标题）的不同位置和比例大小关系，可以比较在同一版面中各种少量文字（标题）注目度的区别。在实际的设计应用中，无论是书籍版式设计、海报设计，还是网页设计、广告设计中都可以发现，各种不同的标题（少量文字）位置和不同注目度的大小比例以及版面划分关系都可以为版面带来千变万化、丰富多彩的视觉效果（见图 2-44 至图 2-54）。

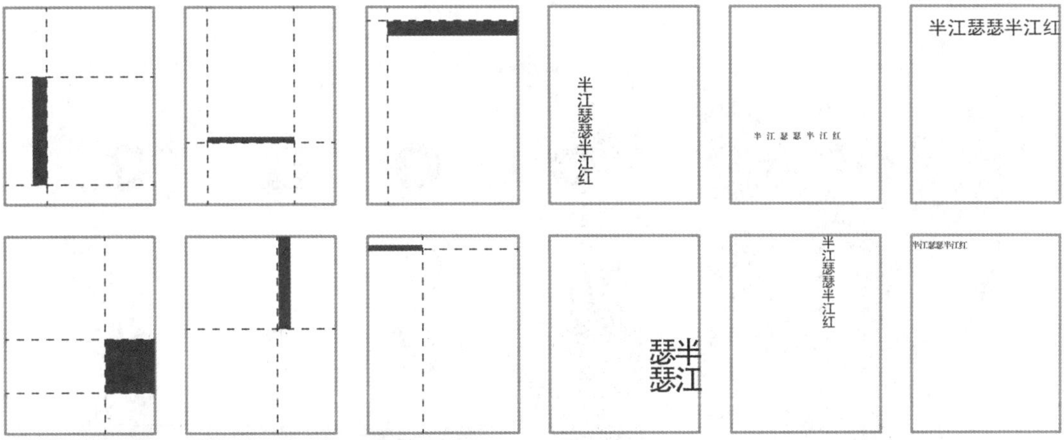


图 2-42　标题（少量文字）在竖向版面中制造新的区域对比

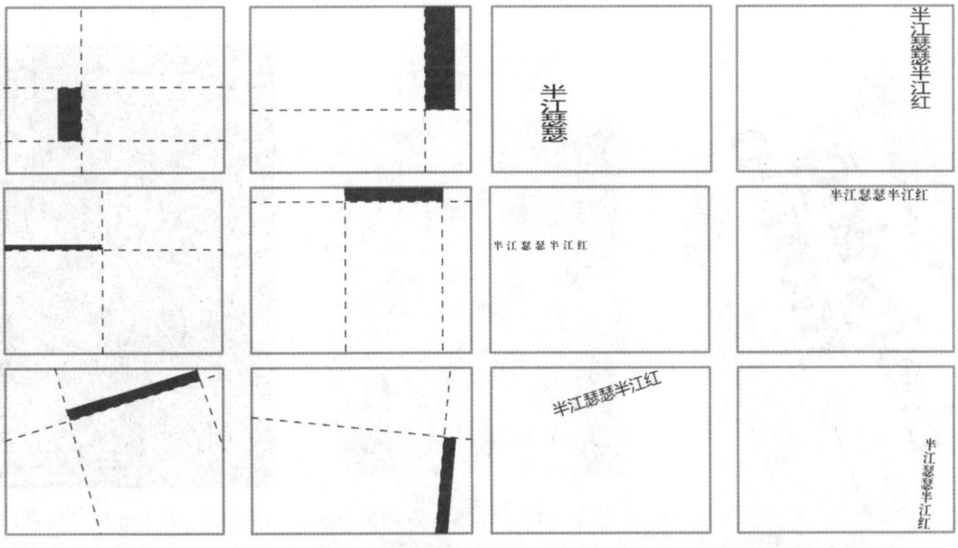


图 2-43　标题（少量文字）在横向版面中制造新的区域对比

图 2-44　标题（少量文字）设计案例 1
版式设计　设计者：Socio Design

图 2-45　标题（少量文字）设计案例 2
海报设计　设计者：Kseniia Stavrova

图 2-46　标题（少量文字）设计案例 3
封面设计　设计者：Crésus

图 2-47　标题（少量文字）设计案例 4
版式设计　设计者：Umer Ahmed

图 2-48　标题（少量文字）设计案例 5
海报设计　设计者：Res Eich-Enberger

图 2-49　标题（少量文字）设计案例 6
杂志版式设计　设计者：Dimitris Papazoglou

图 2-50　标题（少量文字）设计案例 7
杂志版面设计　设计者：Mark Brooks

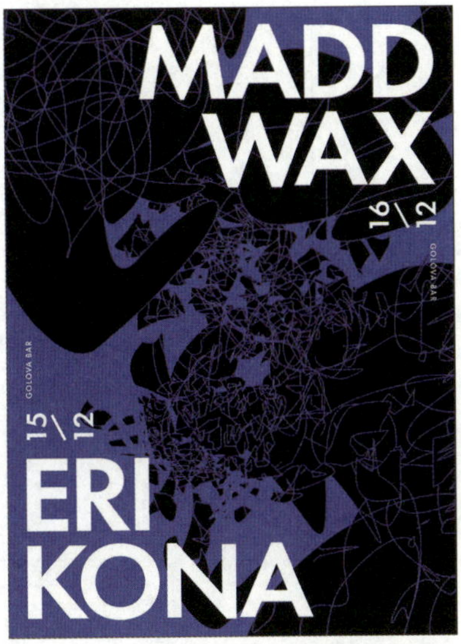


图 2-51 标题（少量文字）设计案例 8
海报设计 设计者：Kseniia Stavrova

图 2-52 标题（少量文字）设计案例 9
海报设计 设计者：Studio K95

图 2-53 标题（少量文字）设计案例 10
网站设计 设计者：Studiogusto

图 2-54 标题（少量文字）设计案例 11
品牌广告设计 设计者：Alessandro Giua

### （二）标题层次处理

在实际应用中，为了满足内容表达的丰富性需求，设计者往往会对标题层次进行处理，常见的标题层次处理方式有梯度层次处理、编码层次处理和主副层次处理等三种类别。

#### 1. 标题的梯度层次处理

梯度层次处理（见图 2-55）的特点是标题层次分明，能够清晰地反映出多种层次标题之间的重要性区别，突出最主要的标题与最重要的信息。

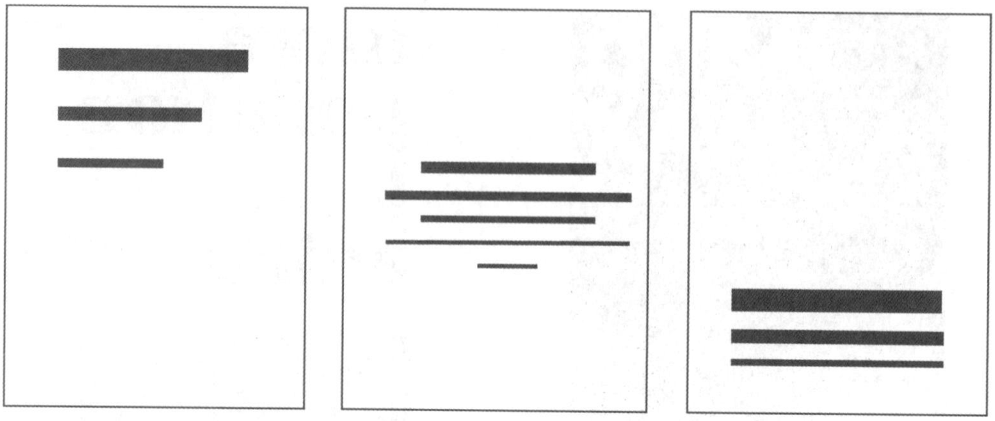

图 2-55　标题（少量文字）的梯度层次

2. 标题的编码层次处理

编码层次处理（见图 2-56）针对的是页面中标题层次较多且重要性较为平均的情况，采用数列编码的方式进行归纳性的层次处理。

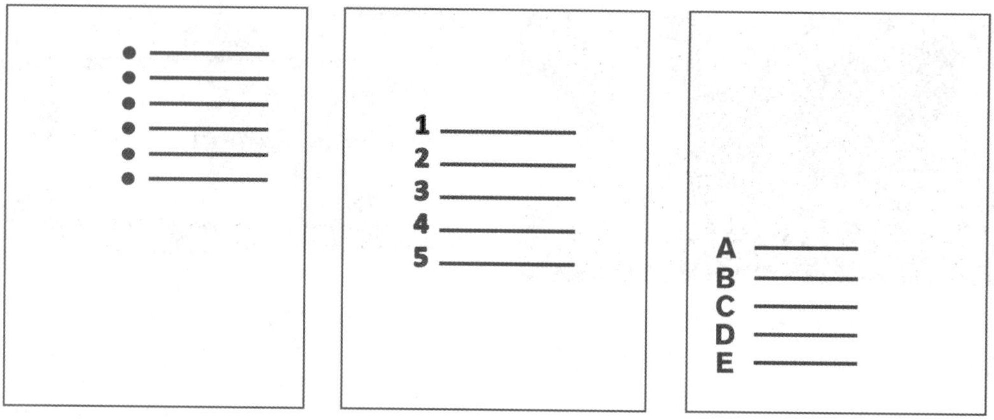


图 2-56　标题（少量文字）的编码层次

3. 标题的主副层次处理

主副层次处理（见图 2-57）多用于主题单一且突出的情况，通过添加副标题的方式，进一步完善和补充说明主标题的信息，但是副标题往往字号选择较小，需要通过较为强烈的主次对比，突出强化主标题的唯一性和重要性。相对于单一标题，主副层次处理具有视觉感受更为丰富的优点。

通过标题的层次处理，使得页面的信息层次与构图关系更为丰富，呈现更为多样美观的页面视觉效果，而且通过对案例的收集研究（见图 2-58 至图 2-65）可以发现，实际中的标题层次处理往往也不会拘泥于固定的形式，在很多情况下，还可以将不同类型的处理方式混合使用，以达到更为丰富且具有趣味性的呈现方式。

图 2-57 标题（文字）的主副层次

图 2-58 标题层次处理设计案例
图片来源：杂志封面设计 Jim Wong

图 2-59 标题层次处理设计案例
图片来源：书籍封面设计 Ziwan

图 2-60　标题层次处理设计案例 1
书籍封面设计　设计者：Ziwan

图 2-61　标题层次处理设计案例 2
海报设计　设计者：Hats & Tales

图 2-62　标题层次处理设计案例 3
海报设计　设计者：Quim Marin Studio

图 2-63　标题层次处理设计案例 4
电商平台视觉形象设计　设计者：Ganiyu Razak

图 2-64　标题层次处理设计案例 5
品牌视觉形象设计　设计者：Moe Dsgnz

图 2-65　标题层次处理设计案例 6
网站设计　设计者：Zero

## 二、正文段落的设计

在这类版式中正文段落是版面的主体，由多行文字组成正文字面，使文字由线转变为面，通过设定正文段落位置，使版面呈现块面间不同的比例对比关系，可产生不同的版式风格。正文段落编排的基本样式包括：单栏段落、双栏段落、多栏段落。

单栏段落样式（见图 2－66）有不同的段落位置选择，但总体来说呈现的形式效果较为简洁内敛，页面内会有较大面积的留白空间。如图 2－67 至图 2－72 所示，单栏段落比较适合于相对较为高端、严肃的出版物设计。

图 2－66 单栏段落样式

图2-67 单栏段落样式设计案例1
书籍版式设计 设计者：Zuza Rawa

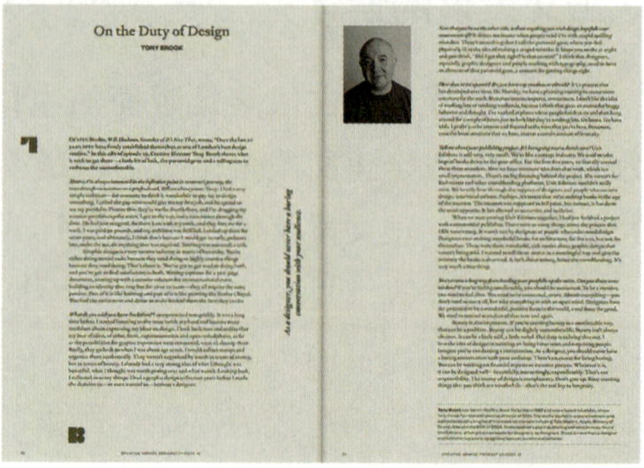


图2-68 单栏段落样式设计案例2
杂志版式设计 设计者：Creative Voyage

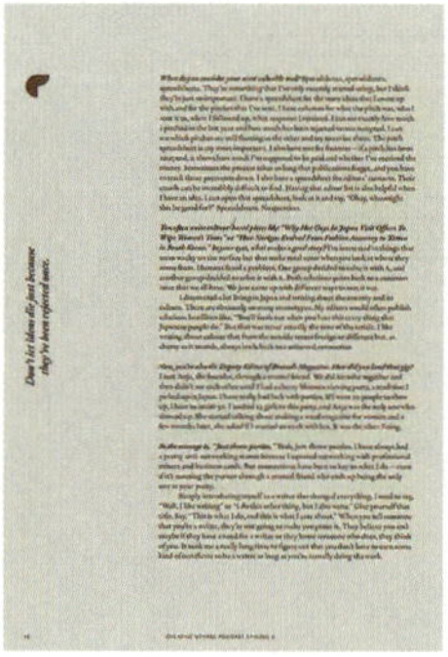

图2-69 单栏段落样式设计案例3
杂志版式设计 设计者：Creative Voyage

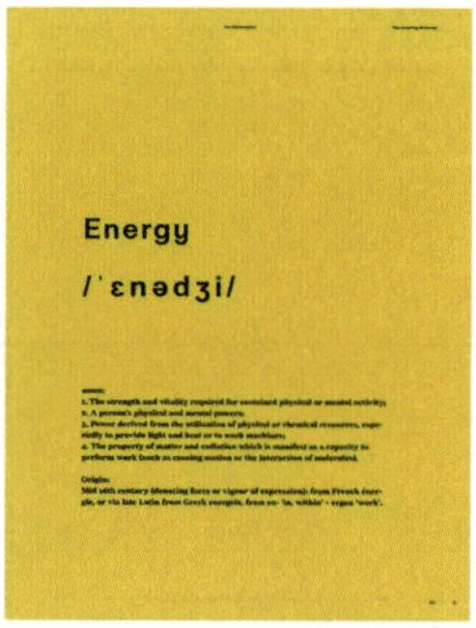


图2-70 单栏段落样式设计案例4
杂志版式设计 设计者：Studio Patten

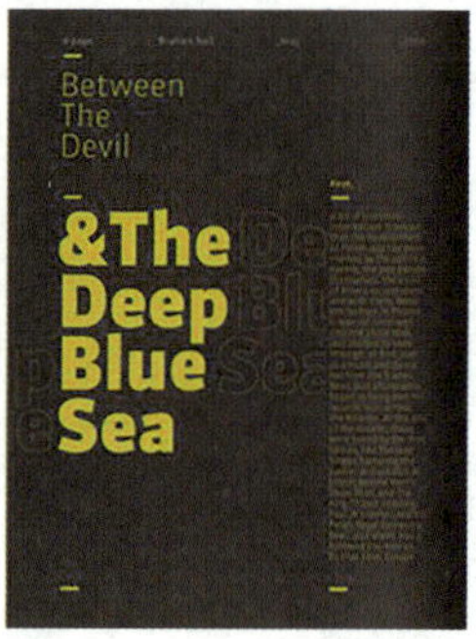


图2-71 单栏段落样式设计案例5
书籍版式设计 设计者：Balsam

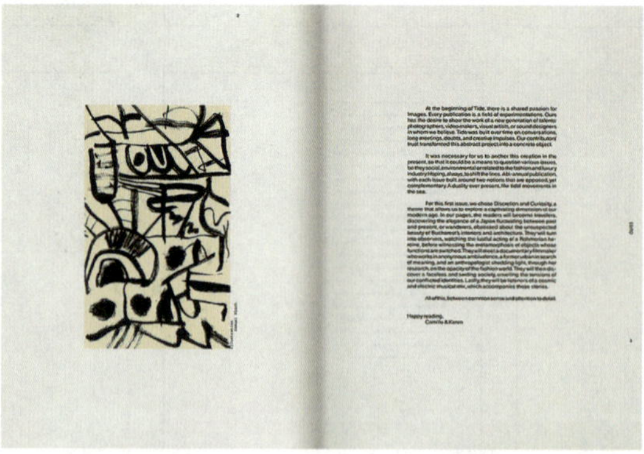

图2-72 单栏段落样式设计案例
杂志版式设计 设计者：Studio Vicente Granger

双栏段落样式（见图 2 - 73）在日常的版面设计中较为常见，是一种最为常规均衡的分栏形式，适合各类不同的出版物正文段落设计。在实际应用案例（见图 2 - 74 至图 2 - 79）中可以发现，通过对于两栏文本的形式、字体、缩进关系、段落长短等进行变化，利用两栏之间的对比变化关系呈现更为丰富、更具有戏剧性的版面视觉效果。

图 2 - 73 双栏段落样式

图 2-74　双栏段落样式设计案例 1

杂志版式设计　设计者：Violaine & Jeremy

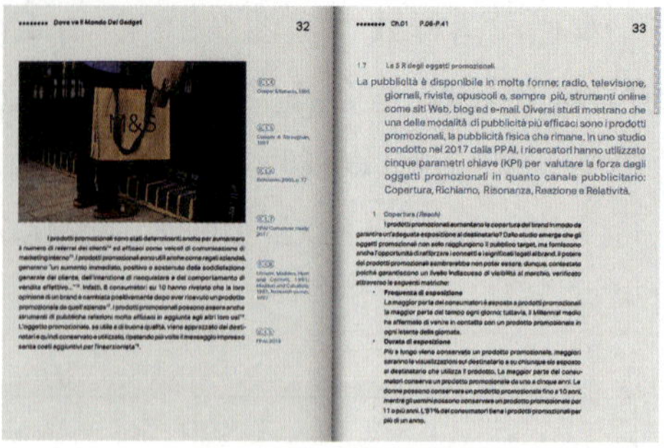

图 2-75　双栏段落样式设计案例 2

书籍版式设计　设计者：Be. Family

图 2-76　双栏段落样式设计案例 3

图册版式设计　设计者：Irene Salvadeo

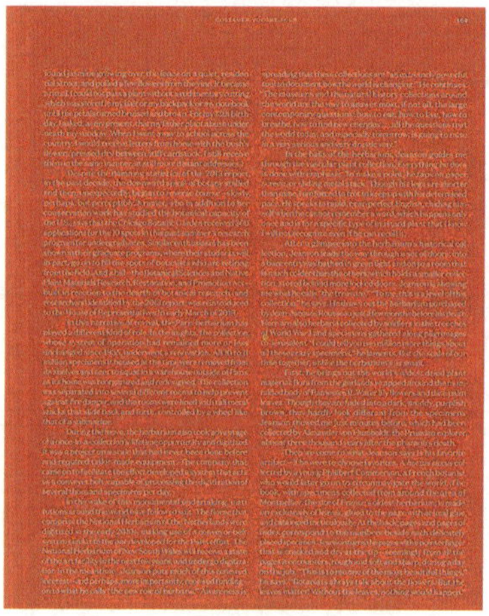

图 2-77　双栏段落样式设计案例 4

杂志版式设计　设计者：Wxd

图 2-78　双栏段落样式设计案例 5

杂志版式设计　设计者：Anti

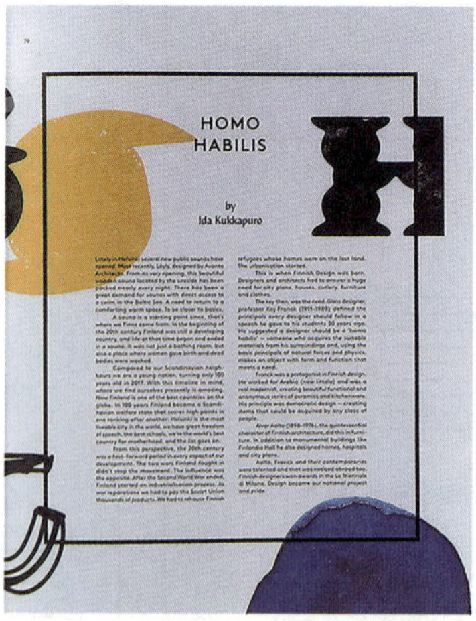


图 2-79　双栏段落样式设计案例 6

杂志版式设计　设计者：Anti

多栏段落样式（见图 2 - 80、图 2 - 81）变化形式与组合关系最为多样，适合在同一页面内传递较大的信息量，但是在实际案例中可以发现，栏数较多会造成字体字号较小，降低页面易读性，为了避免这种情况，多栏段落形式中往往伴随着在不同文字段落之间刻意使用较为明显的段落穿插变化，字号大小变化，及图案插入与文字相对比的情况，目的都是避免由于栏数较多带来的过于单调、信息主题不突出的情况（见图 2 - 82 至图 2 - 87）。

图 2 - 80　多栏段落样式 1

图 2-81　多栏段落样式 2

22
EPCOT célèbre les exploits de l'Humanité, de la conquête spatiale, et a presque des airs de mini expo universelle

图 2-82 多栏段落样式设计案例 1
杂志版式设计 设计者：Violaine & Jeremy

WALT DISNEY
L'IDÉOLOGUE
DU FUTUR

图 2-83 多栏段落样式设计案例 2
杂志版式设计 设计者：Violaine & Jeremy

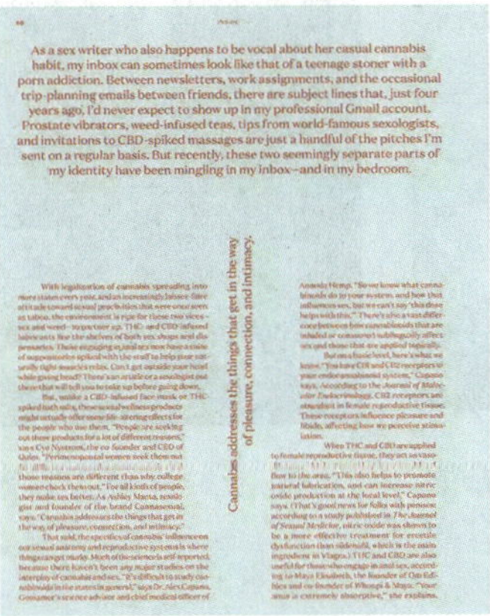
As a sex writer who also happens to be vocal about her casual cannabis habit, my inbox can sometimes look like that of a teenage stoner with a porn addiction. Between newsletters, work assignments, and the occasional trip-planning emails between friends, there are subject lines that, just four years ago, I'd never expect to show up in my professional Gmail account. Prostate vibrators, weed-infused teas, tips from world-famous sexologists, and invitations to CBD-spiked massages are just a handful of the pitches I'm sent on a regular basis. But recently, these two seemingly separate parts of my identity have been mingling in my inbox—and in my bedroom.
Cannabis addresses the things that get in the way of pleasure, connection, and intimacy.

图 2-84 多栏段落样式设计案例 3
杂志版式设计 设计者：Verena Michelitsch & Kristina Bartošová

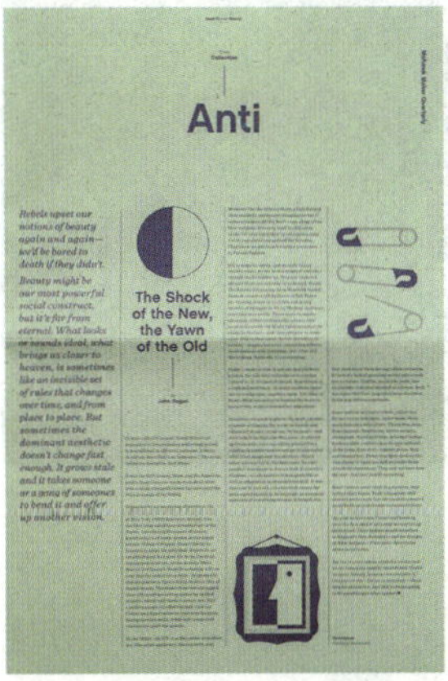
Anti
The Shock of the New, the Yawn of the Old

图 2-85 多栏段落样式设计案例 4
杂志版式设计 设计者：Brett Newman

ΔΗΛΑΔΗ ΕΧΩ ΕΓΩ ΚΑΜΙΑ ΦΙΛΟΔΟΞΙΑ ΝΑ ΚΑΜΑΡΩΣΩ ΤΟΝ ΒΕΝΙΖΕΛΟ Η ΤΟΝ ΣΑΜΑΡΑ Η ΤΟΝ ΠΑΠΟΥΤΣΗ ΠΡΟΕΔΡΟ; ΑΥΤΕΣ ΤΙΣ ΦΙΛΟΔΟΞΙΕΣ ΤΙΣ ΕΧΕΙ Η ΜΑΝΑ ΤΟΥΣ ΚΑΙ Ο ΠΑΤΕΡΑΣ ΤΟΥΣ.

图 2-86 多栏段落样式设计案例 5
杂志版式设计 设计者：Dimitris Papazoglou

KING RIDES BY
AWKWARD
LONELY BOY
UNKNOWN

图 2-87 多栏段落样式设计案例 6
杂志版式设计 设计者：Dimitris Papazoglou

## 三、正文段落模块化设计

正文段落模块化是一种有明确外在形状的字面编排形式，如矩形、方块、菱形、圆形等几何形，及人物、动物、植物等有机形，均为模块化编排形式，但最好的形状是矩形和方块。这种设计最大的特色是将意义相近的信息组合成一个单独模块，方便读者阅读。既可表达特殊的段落模块的信息含义，又富于形式感（见图 2 - 88 至图 2 - 90）。

图 2 - 88　正文段落模块化设计案例

杂志版式设计　设计者：Verena Michelitsch & Kristina Bartošová

图 2 - 89　正文段落模块化设计案例

报纸版式设计　设计者：Andres Catama

图 2 - 90　正文段落模块化设计案例

海报设计　设计者：Typographic Beer Directions

## 四、标题与正文段落的设计

标题与正文段落的组合编排既要考虑版面与文字间的关系，又必须兼顾到标题与正文段落之间的联系。如图 2 - 91 所示，各种组合编排样式的设计，就是研究如何通过对比或者协调的视觉形式，将标题与正文段落有机组合成为一个和谐完整的整体。

在日常设计应用中，标题与正文段落的基本样式主要有以下几类：

### （一）横排（协调）

横排是最常见的编排方式，如图 2 - 92 所示，无论标题位置如何调整，标题与正文段落始终谐调横向布置，形成统一完整的文本段落。

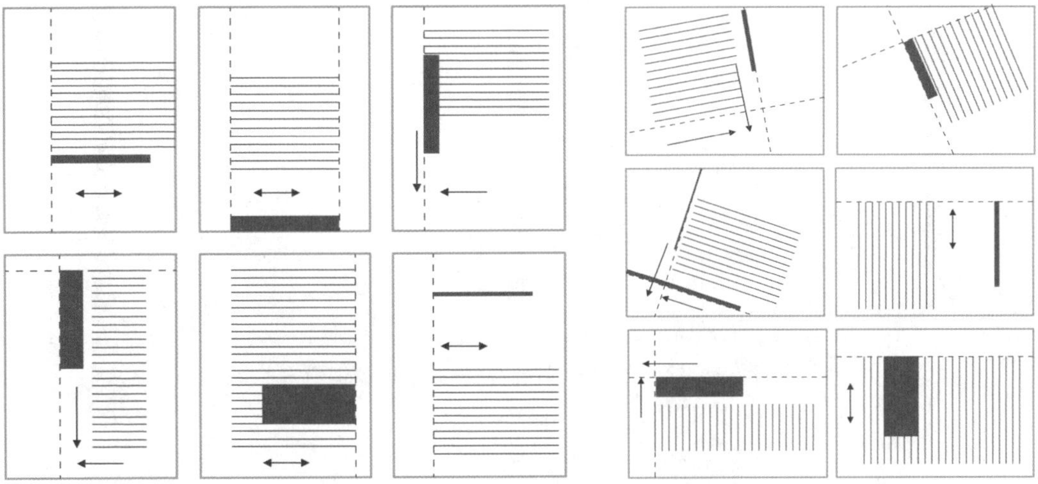

图 2-91 标题与正文段落的组合编排关系

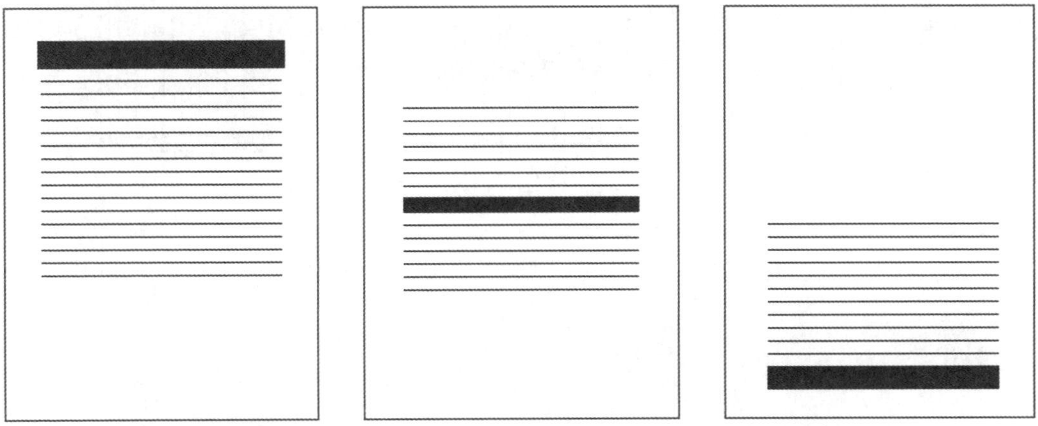

图 2-92 横排（协调）样式的常见组合方式

（二）竖横排（对比）

竖横排指标题竖向布置，与横向布置的正文段落有机组合，形成比较强烈的对比效果，如图 2-93 所示，竖横排方式中，标题位置与正文段落栏数均可以灵活调整变化，但始终突出两者之间的强对比关系。

（三）横竖排（对比）

横竖排方式与竖横排正好相反，标题采用常规的横向布置，正文段落采用竖向布置（见图 2-94），整体效果上很接近传统古籍的编排形式，常用于反映古典题材或者与传统文化相关主题的版式设计。

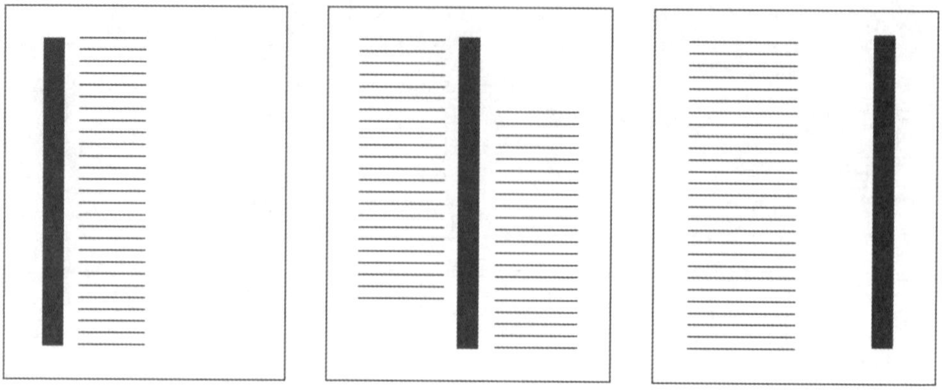

图 2-93　竖横排（对比）样式的常见组合方式

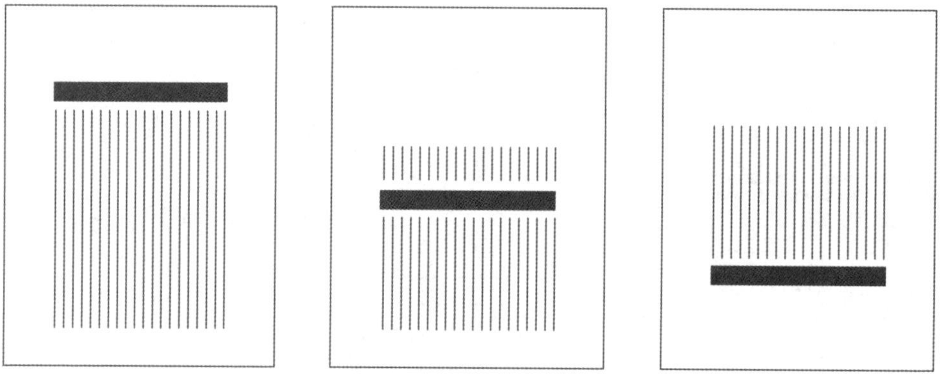

图 2-94　横竖排（对比）样式的常见组合方式

## （四）斜排（对比）

斜排方式在现代版式设计中经常出现，特点是变化多样，组合形式灵活，既有对比型的斜排方式，也有协调型的斜排方式。如图 2 - 95 所示，对比型的协调方式更像是竖横排和横竖排方式的变形，通过标题角度或者整体段落角度的旋转变化，形成特别的对比关系。

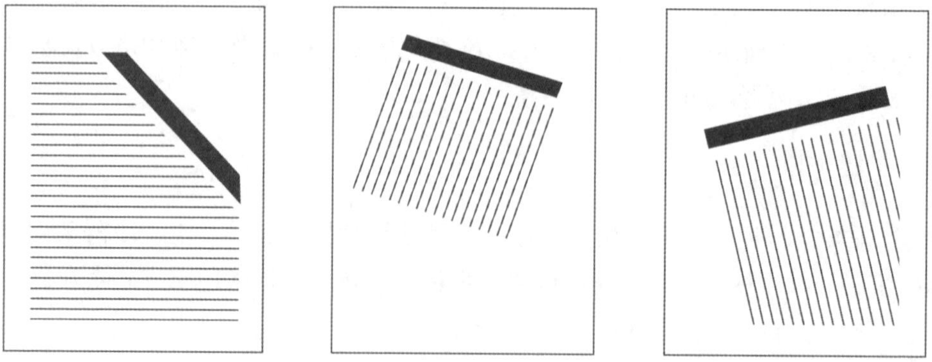

图 2-95　斜排（对比）样式的常见组合方式

### （五）斜排（协调）

而协调型的斜排方式，更像是传统横排方式的变形，将原本规矩的完整文本段落，通过角度变化形成独特的编排效果。如图 2-96 所示，此类形式，不论是对比还是协调，在标题与正文段落的组合关系之外，都可呈现整体文本段落与页面留白空间之间的对比关系，使整体更富有趣味性。

图 2-96 斜排（协调）样式的常见组合方式

### （六）嵌入排（协调）

嵌入排也是一种协调的编排方式，无论正文段落是横向还是竖向，文本段落的外观形式如何变化，标题都通过同一走向的方式灵活地嵌入正文段落中，形成组合灵活、主题突出的页面展示效果（见图 2-97）。

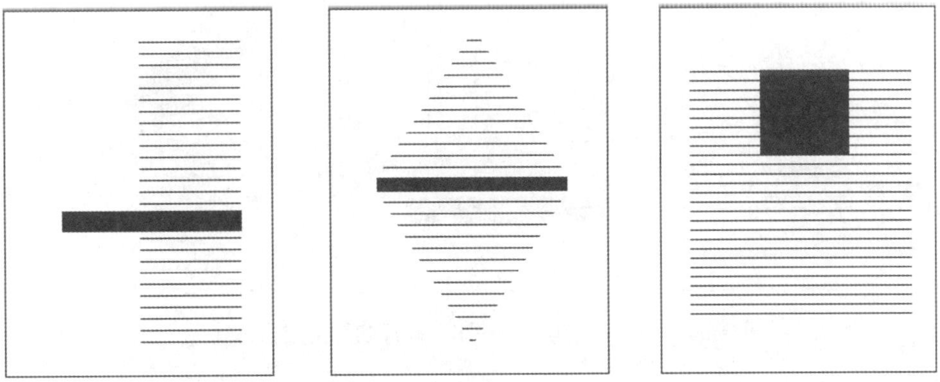

图 2-97 嵌入排（协调）样式的常见组合方式

### （七）齐整排（协调）

齐整排是横排方式的衍生变化版本，如图 2-98 所示，整体形式与横排方式基本一致，区别在于齐整排不拘泥于标题与正文段落必须形成完整的文本段落，即标题与正文段落可分可合，始终保持统一走向与页面效果的稳定协调效果即可。

图 2-98　齐整排（协调）样式的常见组合方式

## （八）交错排（对比）

交错排方式是一种最为灵活的组合编排方式，强调丰富的对比关系，如图 2-99 所示，在此类编排方式中，标题与正文段落可以在文字走向和各自角度上都采用对比变化的方式，多与少、大与小、正与斜，变化多样，但无论如何变化组合，整体的页面效果在对比关系的基础上都需要保持构图的和谐平衡。

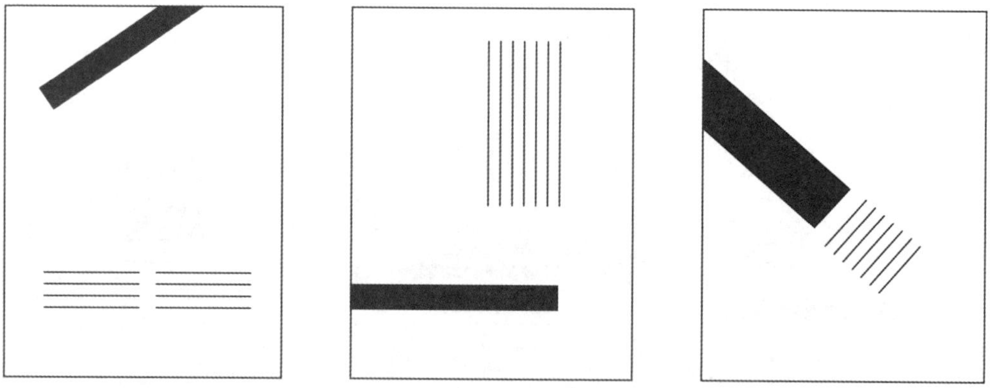

图 2-99　交错排（对比）样式的常见组合方式

## （九）多标题、多正文

多标题、多正文段落的方式，其实在实际应用中出现较多，现代版式设计中往往需要在同一页面传达较丰富的内涵与信息。在多标题、多正文的编排方式中，与交错排类似，即无论多标题与多正文段落如何变化组合，但整体页面效果依然需要保持统一的动态协调稳定（见图 2 - 100）。

图 2 - 100　多标题多正文样式的常见组合方式

## 五、标题与正文的文字跳跃率

版面中标题与正文之间字体大小的反差比率叫作文字跳跃率。反差的比率越大，跳跃率就越高。不同的文字跳跃率可以带来不同的注目度与视觉印象（见图 2 - 101 至图 2 - 103）。一般来说跳跃率低会给人带来稳健、典雅、传统感等印象；而跳跃率高会给人带来积极、活力、现代感等印象。

'The engine note acquires a subtle growl overlaid with a distinctive breathy rush of turbo induction'

图 2 - 101　不同跳跃率的版面设计案例 1

图片来源：*Evo*（英国版），2014 年 9 月刊

Grasshopper
fusion

图 2 - 102　不同跳跃率的版面设计案例 2

图片来源：Design Space

THE
STORY
OF
MAGDALENA
BERNY

图 2 - 103　不同跳跃率的版面设计案例 3

图片来源：Digital SLR Photography, UK 201511

## 六、文字信息的段落层次设计

在版式设计中经常会接触到大量的文字信息，文本的重要部分在哪里，哪些需要首先给读者阅读，哪些又是可以随后阅读。在方便读者阅读的前提下，有时可以在不破坏信息整体性的原则上，有意识地强调其中某个段落，这就关系到版式文字信息的段落层次处理方法。

常见的正文段落层次处理方法主要有强调、模块、方向、疏密、明暗、色彩等（见图 2－104）。

但无论采用何种形式，通过案例的研究可以发现，层次的变化与强调部分的处理，都要保证整体页面和文本段落的协调关系，强调部分不能凌驾于整体的稳定之上（见图 2－105 至图 2－110）。

图 2－104　正文段落层次处理方法

图 2-105　正文段落层次处理设计案例 1
图片来源：*Page*（德国版），2014 年 10 月刊

图 2-106　正文段落层次处理设计案例 2
图片来源：*Page*（德国版），2014 年 10 月刊

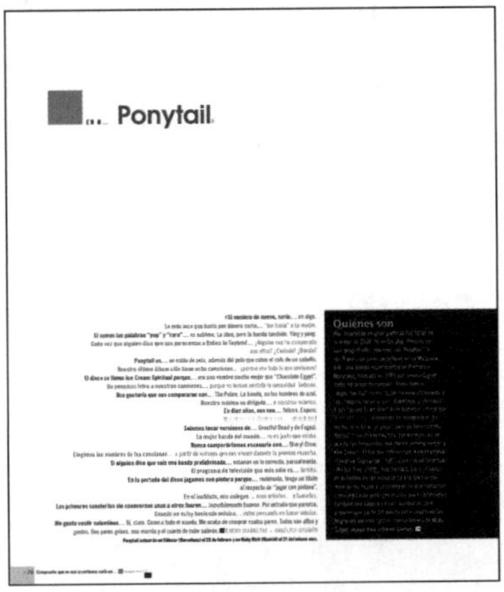


图 2-107　正文段落层次处理设计案例 3
图片来源：*H. Magazine*，总 100 期

图 2-108　正文段落层次处理设计案例 4
图片来源：*H. Magazine*，总 97 期

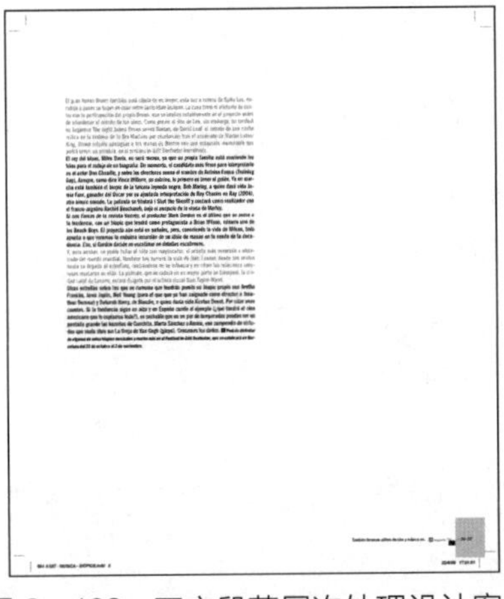

图 2-109　正文段落层次处理设计案例 5
图片来源：*H. Magazine*，总 97 期

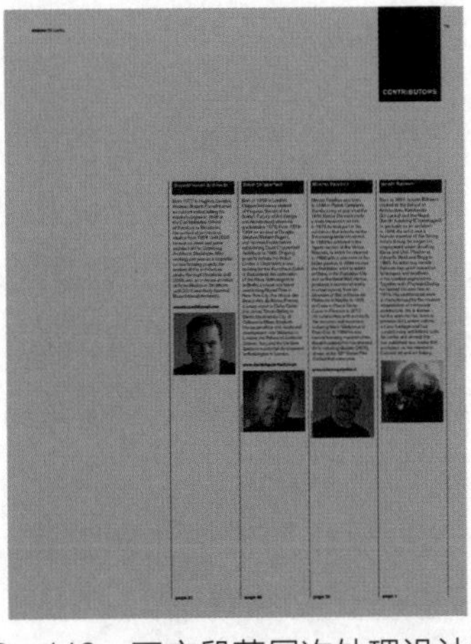

图 2-110　正文段落层次处理设计案例 6
图片来源：*Domus*（意大利版），2015 年 2 月刊

# 实践作业

## 一、版面的标题定位编排设计

### （一）作业要求

以“中华文明、历史悠久、源远流长”为主副标题进行版面的标题定位编排练习，主副标题的编排必须考虑到字符之间的字号、字间距、行间距的切换与调整。

1. 横排标题

将三个层次的横排主副标题分别按照上中下、左中右的排列顺序进行编排练习。

2. 竖排标题

将三个层次的竖排主副标题分别按照上中下、左中右的排列顺序进行编排练习。

3. 斜排标题（左高右低）

将三个层次的斜排主副标题分别按照上中下、左中右的排列顺序进行编排练习，主副标题的方向按照左高右低的原则布局。

4. 斜排标题（左低右高）

将三个层次的斜排主副标题分别按照上中下、左中右的排列顺序进行编排练习，主副标题的方向按照左低右高的原则布局。

### （二）作业规格

尺寸：A4 画幅。

## 二、版面的标题与正文段落组合编排设计

### （一）作业要求

以“上海工艺美术职业学院、视觉艺术学院”为标题，以学院的专业介绍为正文，进行学院介绍版面的标题与正文段落组合编排练习。

1. 正文的段落（块面）编排（单一段落、双段落、多段落）

将标题与正文段落的组合关系各自按照上中下、左中右的排列方向进行编排练习，并且以单一段落、双段落、多段落的形式各进行 1 组练习。

2. 正文的模块化

将正文段落按照模块化的方式分别进行方形、圆形、菱形的编排练习各 2 组。

3. 标题与正文的编排

按照横排、竖横排、斜排、嵌入排、交错排的方式各自进行标题与正文段落的组

合编排练习各 3 组。

（二）作业规格

尺寸：A4 画幅

## 拓展阅读

### 一、字体的使用

文字是版面上极为重要的视觉要素，版式设计就是对文字做出规划与安排，以期达到有效且舒心的阅读体验。在版式设计时应避免出现因无序使用多种字体而导致版面凌乱，或者中西文字体匹配度不高，使文字行看起来参差不齐等直接影响到阅读舒适感的情况。

从版式设计角度来分析，常见字体（符）大致可分成两大类：双字节的 CJK（中、日、韩）字体和单字节的罗马字体。这两大类字体在字形上的差别非常明显，使用上也是各有自己不同的规范。了解这些字体的细节知识更有助于初学者在版式设计时能养成正确选择和使用字体的习惯，发挥出不同字体在设计中的应有作用。

（一）字体样式与字体系列

在进行版式设计过程中，我们通常会碰到许多的字体，但这些字体不仅仅是指某个单一类型的字体。可能还涉及该字体的许多变体，如细体、中等体、半粗体、粗体、加黑体、细斜体、斜体、粗斜体、特粗斜体等。这些所能遇到的字体情况．汇总起来离不开字体的两个基本概念，即字体样式与字体系列。

1．字体样式

字体所呈现出来的具体的风格特征（font face）。在同一个字体系列里，各种变体样式的名称通常由粗细的种类来决定（见图 2－111）。其显示的字体样式名称取决于字体制造商，因字体系列的不同，其名称会存在一定差异。

图 2－111　同一字体系列的各种变体

2. 字体系列

由整体外观特征相同的字体所形成的集合。这些多种字体变体的一个组合，犹如若干成员组成的字体“家族”(font family)，如图 2-112 所示，著名的 Helvetica 字体就拥有众多的字体变体。换句话说，“××字体”实际上是指一个字体系列，而不是指某个单一类型的字体，因此将“××字体”理解为“××字体系列”更为合适。

| | | | |
|---|---|---|---|
| Helvetica Regular | Helvetica Light | *Helvetica Light Oblique* | HelveticaTextbook Roman |
| *Helvetica Oblique* | *Helvetica Italic* | **Helvetica Bold** | ***Helvetica BoldOblique*** |
| ***Helvetica Bold Italic*** | **Helvetica Black** | ***Helvetica Black Oblique*** | Helvetica CondensedLight |
| *Helvetica CondensedLightObl* | Helvetica Condensed | *Helvetica Condensed-Oblique* | **Helvetica Condensed Black** |
| ***Helvetica Condensed-BoldObl*** | **Helvetica Condensed Black** | **Helvetica Compressed** | **Helvetica Extra Compressed** |

图 2-112　Helvetica 字体系列

## (二) 全角字符和半角字符

全角与半角主要是文字输入时所表现出来的中文与西文在字幅上的差别，全角：指字符的字幅呈正方形，需占用两个标准字符位置，汉字字符及日韩（CJK）等字符均为全角字符。半角：指字符的字幅都不相同，且只占用一个标准的字符位置，数字和罗马字符等都是半角字符。

在进行中文编排时，可遵循这样的原则：汉字和标点符号使用全角，在横排文字时罗马字符和数字使用半角，竖排文本中罗马字符和数字使用全角，尽管全角字符和半角字符本身在字形上没有太大的差异。在设置标题字体这类较醒目的字体时，因半角的罗马字符比较小，可能需要调整字号，但同时也需要调整西文字符的基线位置（见图 2-113)。

Let nothing pass for every hand 在人间传递温情

Let nothing pass for every hand 在人间传递温情

图 2-113　经调整字符大小及基线位置后的全角字符（中文）与半角字符（西文）的混排效果比较

### （三）正确使用中西文复合字体

在进行文字编排时，经常会遇到中文与西文、阿拉伯数字混排的情况。为了协调它们之间的视觉效果，就要分别为它们选择各种不同的字体。但碰到大篇幅的中西文编排时，西文和数字是夹杂在文章不同的区域中的，这就需要不断地去改变不同的字体，这样做不仅耗时费力，还恐挂一漏万。此时采用排版设计软件所提供的复合字体功能就能有效地解决这个问题。

复合字体可以在文字编排中各种不同字体混合在一起，（汉字、假名、全角符号、全角数字、罗马字符和半角数字等）作为一种虚拟字体来使用。设置生成一种新的字体组合，中文和西文字体之间的基线可以进行微调。另外，还可设置各个部分的字符在大小和位置方面的搭配，以达到更好的效果（见图 2－114）。

**Let nothing pass for every hand 在人间传递温情**
**Must find some work to do ; 尽你所能地去做；**
**Lose not a chance to waken love- 别错失了唤醒爱的良机----**

图 2－114　中西文复合字体示意：华文中宋（中文）+ Georgia（英文）

通常情况下，中文字体中自带的西文与中文的匹配度一般都不高，所以，为了使版面更加美观，在文字编排里应用复合字体是很有必要的，但复合字体的设置在实际应用时也需要注意应用技巧和规范。例如在选择匹配度较高的复合字体时，应尽可能选择那些较完整的系列字体，这样在文字编排时既便于建立系列的段落样式，又能减少不必要的字体使用量，让版面整体看起来更加和谐。

## 二、字体的应用

在版式设计中由不同文字的字体样式所表现出来的字体间的性格差异是非常明显的。它不光决定着版面的易读性，同时也对读者阅读心理产生不一样的影响。在如何为版面选择适合字体的问题上，我们可以分别从读者角度与信息角度来加以分析，读者角度主要是分析读者群体的年龄、性别、文化背景等方面；信息角度主要是分析信息属性，如科技类、文化类、经济类、市场类等方面。

### （一）年龄因素

读者的年龄从几岁到几十岁不等，从中可划分出许多不同的年龄阶段，如老、中、青、少。他们的阅读习惯不同，对字体的要求也是各不相同，年龄因素也是版面字体选择的重要参考因素，老年读者喜欢文字大些、变化少些、容易识别的字体；中年读者喜欢那些内容清晰、阅读舒适的字体；青年读者在文字阅读上更注重求新求变；少年读者阅读的兴趣在于字体的活泼性。这些对应年龄层次的字体选择变化规律，在各类不同的出版物设计中频繁出现（见图 2-115 至图 2-117）。

图 2-115　针对不同年龄阶段的版面字体选择

图片来源：*All About History Issue*，2016 年 53 期特刊

图 2-116　针对不同年龄阶段的版面字体选择

图片来源：《国家地理旅游者》（美国版），2013 年 12 月刊—2014 年 1 月刊

图 2-117　针对不同年龄阶段的版面字体选择

图片来源：《国家地理旅游者》（美国版），2013 年 12 月刊—2014 年 1 月刊

## （二）性别因素

读者群体的性别差异也是版面字体选择的重要参考因素，一般来讲男性读者喜欢笔画粗细一致、变化较少且线条硬朗的字体（见图 2-118）；女性读者则喜欢笔画变化多样、线条柔美的字体（见图 2-119）。

图 2-118　针对不同性别的版面字体选择

图片来源：GOALS 网站设计

图 2-119　针对不同性别的版面字体选择

图片来源：TylerAlexander 网站设计

### （三）信息类型因素

所传播的信息类型也是其字体选择的参考因素，科技类信息，如人工智能、网络通讯、汽车制造方面的信息都是现代高新技术的表现，该类型信息字体的选择必须要体现硬朗、明快、细密、精确的感觉（见图 2－120）；市场类信息，如日常家居、时尚潮流、休闲旅游都是表现现代都市生活的，其字体的选择必须要体现时尚、活泼、靓丽的感觉（见图 2－121、图 2－122）。

图 2－120 针对不同信息类别与版面特点的字体选择

图片来源：APPLE 网站设计

图 2－121 针对不同信息类别与版面特点的字体选择

图片来源：《国家地理旅游者》（美国版），2013 年 12 月刊

图 2－122 针对不同信息类别与版面特点的字体选择

图片来源：《国家地理旅游者》（美国版），2013 年 12 月刊—2014 年 1 月刊

在版式设计中选择字体时，除了要关注前面提到的有关因素外，更重要的是把握文字作为视觉元素的特性，在选择字形、色彩、大小时要充分考虑其在版面内的构成特点，要符合视觉的审美特征，使版面的视觉层次更加突出和明显，让读者能从众多的文字当中快速、准确地找到所需内容。

## 三、段落样式的建立和应用

任何一篇结构完整的文章，无论其篇幅长短，都有着其清晰的段落层次。段落层次一般会包括标题、副标题、正文、注释等。文章篇幅越长段落越多则层次越丰富。文章的段落层次有助于读者的阅读理解。一方面，段落层次感是文章必然的内在结构；另一方面，段落层次感则是以视觉方式所呈现的字面样式。二者有机结合，才能使一篇文章在版式上具有清晰、简洁、生动的阅读体验（见图 2－123）。

### （一）按特点建立段落样式

面对各种类型的版面要求，由于其信息类型不尽相同，文章所关注的信息重点也千差万别。因此，划分文章的段落，建立不同的功能区域（见图 2－124），强调文章重点的可识别化，是建立段落样式的依据。

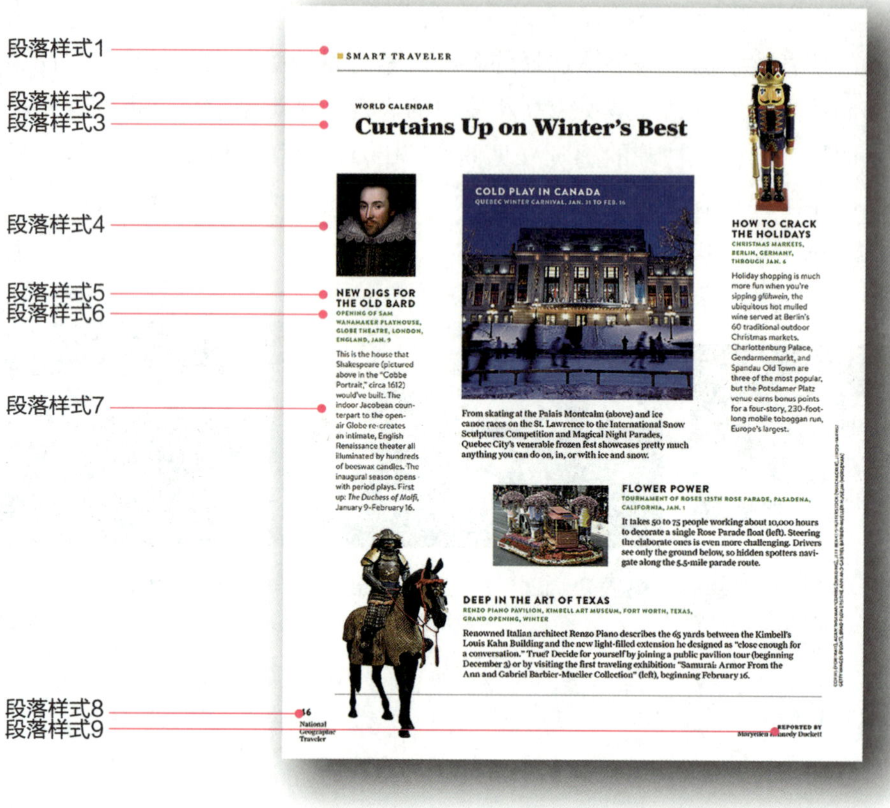
段落样式1
段落样式2
段落样式3
段落样式4
段落样式5
段落样式6
段落样式7
段落样式8
段落样式9
SMART TRAVELER
WORLD CALENDAR
Curtains Up on Winter's Best
COLD PLAY IN CANADA
QUEBEC WINTER CARNIVAL, JAN. 31 TO FEB. 16
From skating at the Palais Montcalm (above) and ice canoe races on the St. Lawrence to the International Snow Sculptures Competition and Magical Night Parades, Quebec City's venerable frozen fest showcases pretty much anything you can do on, in, or with ice and snow.
NEW DIGS FOR THE OLD BARD
OPENING OF SAM WANAMAKER PLAYHOUSE, GLOBE THEATRE, LONDON, ENGLAND, JAN. 9
This is the house that Shakespeare (pictured above in the "Cobbe Portrait," circa 1612) would've built. The indoor Jacobean counterpart to the open-air Globe re-creates an intimate, English Renaissance theater all illuminated by hundreds of beeswax candles. The inaugural season opens with period plays. First up: The Duchess of Malfi, January 9-February 16.
HOW TO CRACK THE HOLIDAYS
CHRISTMAS MARKETS, BERLIN, GERMANY, THROUGH JAN. 6
Holiday shopping is much more fun when you're sipping glühwein, the ubiquitous hot mulled wine served at Berlin's 60 traditional outdoor Christmas markets. Charlottenburg Palace, Gendarmenmarkt, and Spandau Old Town are three of the most popular, but the Potsdamer Platz venue earns bonus points for a four-story, 230-foot-long mobile toboggan run, Europe's largest.
FLOWER POWER
TOURNAMENT OF ROSES 125TH ROSE PARADE, PASADENA, CALIFORNIA, JAN. 1
It takes 50 to 75 people working about 10,000 hours to decorate a single Rose Parade float (left). Steering the elaborate ones is even more challenging. Drivers see only the ground below, so hidden spotters navigate along the 5.5-mile parade route.
DEEP IN THE ART OF TEXAS
RENZO PIANO PAVILION, KIMBELL ART MUSEUM, FORT WORTH, TEXAS, GRAND OPENING, WINTER
Renowned Italian architect Renzo Piano describes the 65 yards between the Kimbell's Louis Kahn Building and the new light-filled extension he designed as "close enough for a conversation." True? Decide for yourself by joining a public pavilion tour (beginning December 3) or by visiting the first traveling exhibition: "Samurai: Armor From the Ann and Gabriel Barbier-Mueller Collection" (left), beginning February 16.
16
National Geographic Traveler
REPORTED BY

图 2－123　杂志内页版面设计中的不同段落样式

## （二）按需要建立段落样式

段落样式主要是规划文章段落的基本属性，其中包括段落文字的外在样式及段落的各种内在属性（段落间距、行距、段落边框、左右缩进、悬挂缩进、首行缩进……）。设计段落样式的目的，是用一个样式约束大量文本的属性，便于修改。而如图 2－125 所示，合适的多样化段落样式设计也能够带来更丰富的阅读体验，使得整个文章段落层次更为清晰，文章更吸引人。

图 2-124 版面设计中常见的不同功能区域

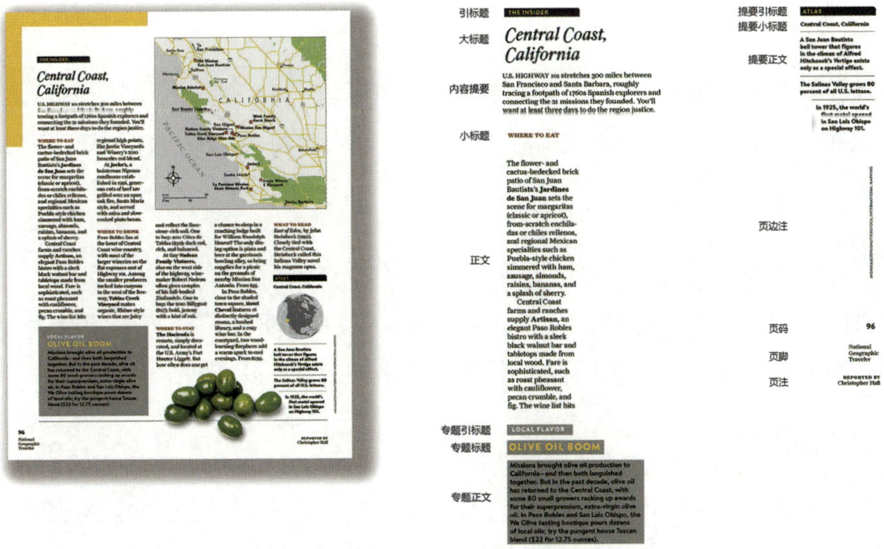


图 2-125 版面设计中不同属性的段落样式

图片来源：《国家地理旅游者》（美国版），2013 年 12 月刊—2014 年 1 月刊

第三章

# 版面的图形选择

在版式设计中图形发挥着非常独特的形象化视觉作用，图形在视觉上比文字更能引起读者的注意，是版式设计中的不可或缺的要素。图形主要的特点在于能生动地再现事物与环境气氛，具有强烈的真实感与感染力。图形可以通过独有的形式语言来营造版面气氛，达到唤起读者视觉经验与调动读者想象力的作用，图形能具体而直接地把版面的内涵表现出来，更能快速传递文本的内容，这一点是文字所无法比拟的。图形虽然不具备文字的内涵性和阅读性，但在视觉上图形却能辅助文字，帮助读者加深对版面信息的理解。而且图形还具有独特的导读作用。

版式设计中每一种图形都包含着不同的信息，同时也呈现出各种不同的视觉特征。这就要求进行设计时在面对不同图形时要做出深入细致的分析与明确判断。

## 第一节　版面与图形

版式设计中所出现的图形一般包括图片、插图、标识等。不同的图形之间存在着各自独特的视觉特点。选择什么样的图形与版式同所要表达的信息主题之间密切相关。

### 一、图片

摄影图片不同于其他图形，具有一种生动与客观真实性，是当下的版式设计中使用最多的图形，主要包括规则图片、不规则图片、出血图片三种。

#### （一）规则图片

规则图片即有固定边沿形状的图片，特点是规范且视觉感稳定，如图 3－1 至图 3－3 所示，规则图片主要是方形、矩形，也可以是圆形、菱形等。

#### （二）不规则图片

不规则图片指边沿形状起伏不定的图片，通常又称为退底图片。图片外沿多变且

图 3-1 规则图片在版式设计中的应用 1
图片来源：*Digital SLR Photography*，2016 年 11 月刊

图 3-2 规则图片在版式设计中的应用 2
杂志版式设计 设计者：I Love Bodoni

图 3-3 规则图片在版式设计中的应用 3
图片来源：*Getty Images*，2017 年 10 月刊

富有视觉动感。这类图片在实际案例中应用极其广泛，无论是海报设计、杂志设计还是在产品宣传文件中都经常出现（见图 3-4 至图 3-7）。

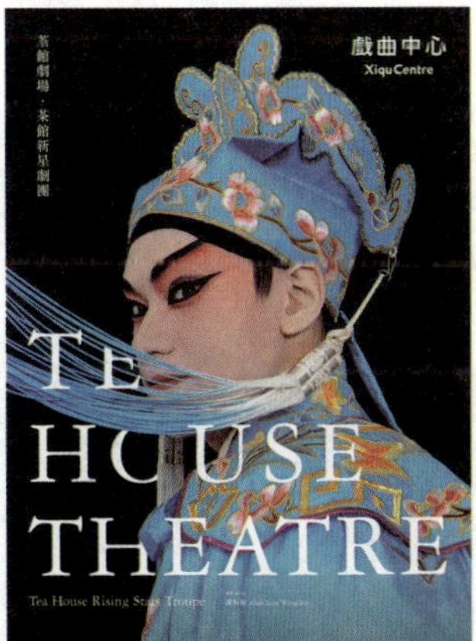


图 3-4 不规则图片在版式设计中的应用 1
海报设计 设计者：Studiowmw

图 3-5 不规则图片在版式设计中的应用 2
杂志版式设计 设计者：Taste

图 3-6　不规则图片在版式设计中的应用 3
宣传册版式设计　设计者：Viktoria Batt

图 3-7　不规则图片在版式设计中的应用 4
杂志版式设计　设计者：Hybride

## (三) 出血图片

出血图片指撑满整个页面的图片，如图 3-8 至图 3-11 所示，这类图片一般在反映出版物主题的重要页面时应用，产生画面大气饱满、主题突出、视觉感强烈的效果。

图 3-8　出血图片在版式设计中的应用 1
海报设计　设计者：Xavier Esclusa Trias

图 3-9　出血图片在版式设计中的应用 2
图片来源：画册设计　设计者：Jonathan Davies

图 3-10　出血图片在版式设计中的应用 3
图片来源：SOPHIE. STUDIO 网站设计

图 3-11　出血图片在版式设计中的应用 4
画册设计　设计者：Lucía Sánchez Vilar

## 二、插图

插图一般都是为了版面主题专门绘制的，不同于普通的图片，插图无论是手绘还是机绘，都具有更强的专属感，紧密联系主题，属于页面中的点睛之笔。绘制具有艺术感的图形不但可以表现率性，还具有更强的个性与亲切感（见图 3－12 至图 3－14）。

图 3－12　插图在版式设计中的应用
海报设计　设计者：Tatsiana Matusevich

图 3－13　插图在版式设计中的应用
图片来源：报纸版式设计　《中国日报》，2017 年 0224—0302

图 3－14　插图在版式设计中的应用
杂志版式设计　设计者：Studio Patten

## 三、标识

标识是指标志、图形符号、装饰符号等，在页面中具有识别、引导、修饰的作用。

如图 3－15 至图 3－18 所示，标识经常用于补充说明文本中的数据、结论等，使原本较枯燥的内容变得更为生动直观。

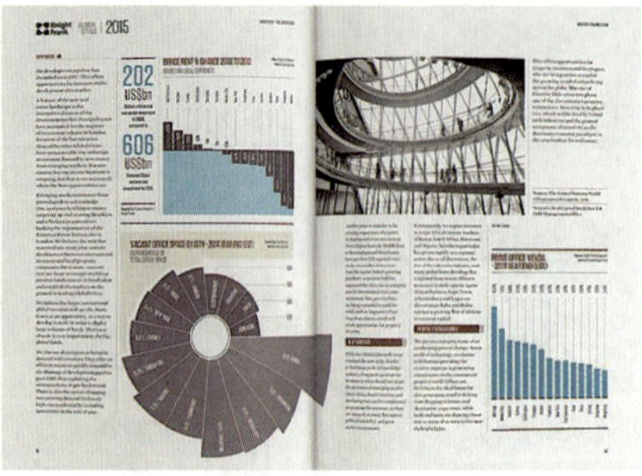

图 3－15　标识在版式设计中的应用
画册设计　设计者：Global Cities Report

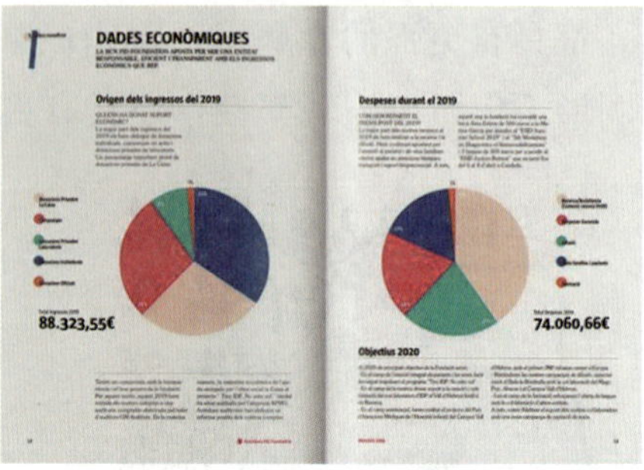
DADES ECONÒMIQUES
88.323,55€
74.060,66€

图 3－16　标识在版式设计中的应用
画册设计　图片来源：巴塞罗那 PID 基金会

Das Büro früher und heute
Etwa jeder zweite Erwerbstätige in Deutschland arbeitet heute im Büro. Wie es überhaupt zur Arbeit in den vier Wänden kam und in welcher Form sich die Bürolandschaften hierzulande seit ihrer Entstehung verändert haben, zeigt ein Blick zurück in die Vergangenheit.
2010 bis heute
1800

图 3－17　标识在版式设计中的应用
画册设计　设计者：Hanseatic Bank

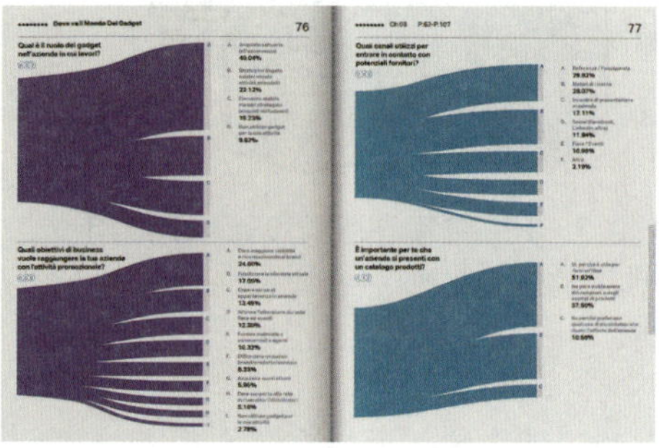

图 3－18　标识在版式设计中的应用
书籍版式设计　设计者：Be. Family

## 第二节　版面的图形语言

所有在版式设计中使用的图形都是一种特殊的视觉语言，都在诉说着各自的故事。如何让我们的图形“说话”，并让其突破平面版式在空间与时间上的局限，这就关系到对“镜头语言”的了解和运用。在此借用摄影的概念来介绍版式中图形的特点。

### 一、景距（景别）

根据由远及近、由粗及细的观察距离，图形的景距可分为远景、全景、中景、近景、特写，可以反映出版面空间图形的景深变化特点。

远景图形：主要表现对象所处的环境（背景），可以称为场景性图形。

全景图形：呈现对象的全貌，也可以称为具体性图形。

中景图形：表明对象内在的本质特征，也可以称为特点性图形。

近景图形：集中表现对象富有意义的某一局部，也可以称为专注性图形。

特写图形：重点突出对象的某个重要的细节，也可以称为聚焦性图形。

以图 3－19、图 3－20 所示的汽车宣传材料为例，这一类产品宣传的页面设计中往往采用从远景到特写的多类景距图形综合运用的方式，可以起到充分的全方位宣传效果。

57 FOCUS TOYOTA

SPORTY SPICES

*Toyota kicks its image into high gear with two fast and furious models*

WORDS PAULA CHAMPA

Fashion brands often turn to celebrities for a boost of star power, but automakers place their hopes on horsepower. After promoting sustainable cars in recent years, Toyota and its luxury brand Lexus are introducing models better suited for the racetrack.

The Lexus LFA is an exclusive "supercar" from a brand typically known for its refined sedans. The goal of the design team at Toyota's headquarters in Japan that created the LFA—due to enter production late this year—was to add some emotional appeal to Lexus' image. In imagining the two-seat, 552-horsepower, $350,000 machine, the team designed the body's shape by analyzing factors such as airflow, control and lightness for maximum performance, and married the findings with the brand's own unique design language.

Similarly, the Toyota FT-86 coupe, a functional prototype for a likely 2012 release, signals the automaker's desire to add some zing to its product line. The sporty charge is being led by newly appointed president Akio Toyoda, grandson of the company's founder and a self-described "serious car fan." "Of course," Toyoda wrote on Toyota's blog in November, "eco-friendly cars are a prerequisite for the future, but there must be more than that." While the FT stands for "Future Toyota," the 86 refers to the AE86, a lightweight, affordable and fun 1980s Corolla sports coupe. "The designers didn't trace any specific details from the AE86—they traced and respected its spirit," notes France-based studio chief designer Gen Ikeda. "The designers imagined this car as one they'd enjoy driving themselves."

Brand reinvention aside, what about those eco-credentials? The fuel-eating LFA will be limited to 500 cars, while the four-cylinder, mass-produced FT-86 will meet fuel efficiency norms ... with rumors of a hybrid-electric version already in the works. *toyota.com, lexus-lfa.com*

**NEED FOR SPEED:** (Left to right from top) The dashboard of the FT-86 concept is upholstered with zippered leather storage pockets; The car's instrument panel includes a navigation screen that allows the driver to follow his or her progress on a race track, a feature previously seen only in video games; Toyota collaborated with Subaru to engineer the lightweight, rear-wheel-drive coupe; The LFA's trim echoes the material used in the body, with exposed areas of matte and glossy carbon fiber; One of the unique traits of the Lexus LFA is its body, made from carbon fiber-reinforced plastic (CFRP), a lightweight material that allows for an exceptionally stiff and strong structure; Aside from having a major weight advantage over a metal body, CFRP allows for an exceptionally aerodynamic shape

Find more magazines at www.magazinesdownload.com

图 3－19 同一对象的不同景距表达范例 1

广告版式设计 设计者：TOYOTA

Grown-ups have playgrounds, too.
The new 718 Boxster. For the sport of it.
PORSCHE
PORSCHE
718 Boxster
A legacy of turning roads into playgrounds.

图 3－20 同一对象的不同景距表达范例 2

广告版式设计 设计者：PORSCHE

## 二、视角

视角包括日常的观察角度和特殊的观察角度，分为正面、侧面、背面、平视、仰视、俯视等。有利于表现版面空间图形的方位变化特点。

### （一）正面

从正面观察的视角能够清晰地呈现对象正面全貌，有助于形成构图完整、画面端庄的图形效果（见图 3-21）。

图 3-21　正面观察视角范例
杂志版面设计　设计者：Kiss Miklos

### （二）侧面

侧面的观察视角有利于勾勒观察对象的侧面轮廓与状态，往往能够强化图形的动态戏剧效果，展现具有较强艺术表现力的图形氛围（见图 3-22）。

### （三）背面

从背面进行观察，由于无法直接展示观察对象的直观形象，但是通过对对象背部轮廓的形态刻画，能够形成画面含蓄、引人遐思的独特图形感受（见图 3-23）。

图 3-22 侧面观察视角范例
广告设计 设计者：Design Army

图 3-23 背面观察视角范例
杂志封面设计 设计者：Kiss Miklos

## （四）平视

平视的视角最为直接，能够比较真实地反映观察对象的基本形象。平视视角的图形能够呈现一种沉稳、平静的格调，朴实而具有一种现实的记录感（见图 3-24）。

On the march
Director Ava DuVernay and actor David Oyelowo, photographed in New York City
CULTURE
A vivid new film about Martin Luther King Jr. couldn't come at a better time
MAKING
SELMA
HISTORY
BY DANIEL D'ADDARIO
THE MOST SURPRISING THING ABOUT THE history of Hollywood and Martin Luther King Jr. is that there isn't one. There are no good King movies. There are no bad King movies. There are simply a handful of cameos in biopics about other people, such as *Ali* and *Lee Daniels' The Butler*. Nearly 50 years after King's death in 1968, *Selma*—which was released in selected cities Dec. 25 and opens nationwide on Jan. 9—is the first full-length film to take a deep look at King or make him the main character. Directed by Ava DuVernay and starring David Oyelowo, it examines a pivotal period in the last four years of King's life, the three voting-rights marches he organized from Selma to Montgomery, Ala., that ultimately led to the passage of the landmark Voting Rights Act in 1965.
King's absence from theaters is "a jaw dropper," says DuVernay. "Let's not even list the biopics that we've had," she says,
53
Photograph by Peter Hapak for TIME

图 3-24　平视观察视角范例

图片来源：《时代周刊》，2015 年 1 月刊

## （五）仰视

仰视的视角，由于透视原理，能够使观察对象呈现比原本更加高大伟岸的形象，在设计中常常运用于表现大气、具有力量感的图形氛围（见图 3-25）。

Change Makers
High Drama
As the Public Theater's artistic director, Oskar Eustis has nurtured one game-changing hit after another (*Hamilton*, anyone?). Adam Green goes behind the scenes. Photographed by Anton Corbijn.
On a wintry Tuesday night, I jostle my way through the packed lobby of the Circle in the Square Theatre, where the 2015 Best Musical Tony winner, *Fun Home*, adapted from Alison Bechdel's graphic memoir, is enjoying a triumphant run. I am in search of Oskar Eustis, the artistic director of the Public Theater, which gave *Fun Home* its start. Six-foot-two and broad of frame, with a robust head of gray-flecked brown hair, a semi-tamed goatee, and large, expressive features—not to mention a giant set of white teeth that look capable of cracking walnuts—Eustis, even dressed down in a hoodie, jeans, and work boots, is hard to miss. His emotions, too, famously run to the larger-than-life, and he greets me with a warm bear hug. I gesture toward the humming crowd and note that it must be a welcome sight. "There's no question," he says, "that this is the biggest hit musical of all time about a lesbian cartoonist whose gay father kills himself."
Despite his ebullience, an aura of sorrow hovers over Eustis these days. The last eighteen months have been the most artistically and commercially successful of his ten years at the helm of the Public; but personally, it has been a time of terrible loss, including the deaths of his mother and stepfather. Most unimaginable, though, for Eustis, his wife, Laurie, and his stepdaughter, Kyle Brown, has been the death of the couple's sixteen-year-old son Jack, who took his own life in November 2014. Handsome, popular, musically gifted, a good student, he showed no signs of depression until a few weeks before his death, blindsiding his family and friends.
Tonight Eustis is awaiting the arrival of some of Jack's former schoolmates from St. Ann's, in Brooklyn—students in a theater class that Eustis teaches there. "I've always loved teaching—it forces you to distill what you
330
THE PLAY'S THE THING

图 3-25　仰视观察视角范例

图片来源：*VOGUE*，2016 年 2 月刊

(六) 俯视

俯视视角也经常被称为上帝视角，特点是视野宽广，观察角度全面，适合于场景范围较大、相关景物较多的图形（见图 3 - 26）。

图 3 - 26 俯视观察视角范例
图片来源：广告设计 设计者：Pullman

## 三、移动

移动观察的本质是一种动态观察的轨迹，从不同的视角出发，接近、离开、环视、边走边看等。同时集中全面地展现出版面空间图形连续性的变化特点。如图 3 - 27 至图 3 - 30 所示，设计产品的宣传介绍或者商业营销类的应用场景，经常采用这样的观察展示方式。

图 3－27　动态轨迹观察视角范例 1
楼盘画册设计　设计者：Ivan Shulgin

图 3－28　动态轨迹观察视角范例 2
楼盘画册设计　设计者：Ivan Shulgin

图 3－29　动态轨迹观察视角范例 3
杂志版式设计　设计者：佚名

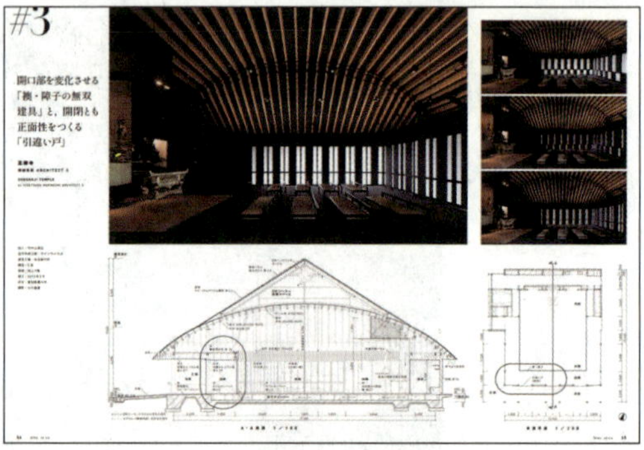


图 3－30　动态轨迹观察视角范例 4
杂志版式设计　设计者：佚名

移动轨迹图形素材的获取手法更为丰富，通过接近（推）、离开（拉）、环视、摇首、俯身（摇下）、边走边看（移）、紧紧跟上（跟）、上浮下沉（升降）等不同拍摄手法，使得观察者能够通过静态的图形进入动态的观察视角。

## 第三节　图文的编排方式

在版式设计中如何处理图形与文字的关系，是关系版面是否和谐的关键。作为版式构成的要素，它们可以在版面中居于不同的主次位置，这种关系直接表现出不同的版式风格。

### 一、图形为主的版式

在这类版面里图形是版面的主角，文字居于起提示与说明作用的次要地位，文字不能侵犯到图形。处理这类版面的方法有：文绕图、图文的引导、多图与多文。

#### （一）文绕图

文绕图的编排方式是以图形为中心，围绕图形布置文字，文字的排列需要依照图形的外形，如图 3 - 31 至图 3 - 35 所示，在文绕图的方式中，图形都处于毫无争议的主体核心位置。

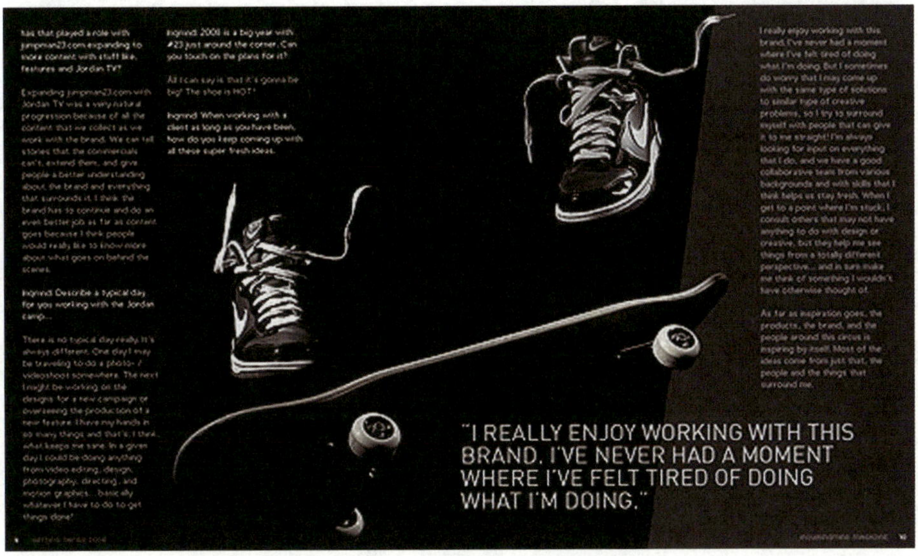


图 3 - 31 “文绕图”处理方式范例 1
杂志版式设计 设计者：Greg Washington

图 3 - 32 “文绕图”处理方式范例 2
杂志封面设计 设计者：Kiss Miklos

图 3 - 33 “文绕图”处理方式范例 3
杂志版式设计 设计者：Joel Kimmel

Retrato literario de un criminal financiero
'Memorial del engaño', del reconocido escritor mexicano Jorge Volpi, indaga en las motivaciones y la psiquis detrás de un inversionista que es a la vez un estafador.
Obsesión por adivinar el futuro

图 3-34 “文绕图”处理方式范例 4
报纸版式设计　设计者：Andres Catama

La comida chatarra desplaza a la famosa dieta mediterránea
La llegada a Europa de alimentos industrializados se ha complicado por la crisis económica de países como España. En A. Latina, el panorama es igual.
¿Qué pasa en Colombia?

图 3-35 “文绕图”处理方式范例 5
图片来源：报纸版式设计　设计者：Andres Catama

## （二）图文的引导

图文的引导编排方式中，图形依然处于主角的位置，但是相对于文绕图而言，此种编排方式中更突出的是一种图形与文字的前后呼应关系，从图 3-36 至图 3-39 可以发现，图文引导都是利用所选择图形的指向性特征，以图形为出发点，自然地引导至文字的部分，先看图而后看文，形成一个连贯的动态过程。

JUSTIÇA À CARNE DE
PORCO
Ela ainda sofre resistência dos brasileiros, mas a ciência entra em sua defesa com o argumento de que seus cortes desbancam, em termos nutricionais, muito frango e boi por aí

图 3-36 “图文引导”处理方式范例 1
图片来源：*Saude & Vital*，2013 年 4 月刊

Festes de Sant Miquel dels Sants
2018
Del 23 de Juny al 8 de Juliol
VIC

图 3-37 “图文引导”处理方式范例 2
海报设计　设计者：Xavier Esclusa Trias

图 3-38 “图文引导”处理方式范例 3

杂志版式设计 设计者：Creative Voyage

图 3-39 “图文引导”处理方式范例 4

图片来源：*MARIE CLAIRE*，2010 年 2 月刊

## （三）多图与多文

多图与多文相结合的编排方式中，图形依然在版面中占据主体地位，而且相对于文绕图，该类形式中图形的数量较多，而文字同样是需要借助各个图形之间的空隙位置来进行排列，处在一种从属于图片的补充说明位置（见图 3-40 至图 3-43）。

图 3-40 “多图与多文”处理方式范例 1

图片来源：*Intramuros*（法国版），2014 年 9 月刊—10 月刊

图 3-41 “多图与多文”处理方式范例 2

宣传册设计 设计者：Viktoria Batt

图 3-42 “多图与多文”处理方式范例 3
杂志版式设计 设计者：Brett Newman

图 3-43 “多图与多文”处理方式范例 2
杂志版式设计 设计者：Polar

## 二、文字为主的版式

在这类版面里文字是版面的主角，图形占陪衬与解释的次要地位。处理这类版面的方法有文压图、多文与多图两种。

### （一）文压图

文压图与文绕图最大的区别在于，无论版面中图形的尺寸多大，文字始终占据核心的位置，并置于图形之上，正如图 3-44 至图 3-48 所示，在这种方式中，图形整

图 3-44 “文压图”处理方式范例 1
图片来源：Artacademy. org. uk 网页设计

图 3-45 “文压图”处理方式范例 2
杂志版式设计 设计者：Kiss Miklos

home color
amber glow
Pair them up or single them out. These amber-gray hues deliver a color boost while keeping their neutral roots.

图 3-46 “文压图”处理方式范例 3
图片来源：*Better homes and gardens*，2015 年 10 月刊

PHOTO FEATURE
Denizens of the Deep

图 3-47 “文压图”处理方式范例 4
图片来源：*Better photography*，2015 年 10 月刊

THE NATIONAL ARBORETUM, CANBERRA
Tonkin Zulaikha Greer Architects and Taylor Cullity Lethlean collaborate on an ambitious scheme in Canberra, transforming a fire-ravaged site into an extensive project for the study, display and research of trees.

图 3-48 “文压图”处理方式范例 5
图片来源：*AA*，2014 年 1 月刊

体成了主体文字的背景陪衬与解说，起到渲染氛围、展示风格的作用。

## （二）多文与多图

多文与多图的编排方式也是如此，构成版面的元素和多图与多文的方式基本一致，区别就在于，这个类型的版面编排中，如图 3-49 至图 3-54 所示，文字占据了版面更主要的位置，而图形不论多少都被安排在段落文字间的空隙处，是一种用图形的插入补充完善文字信息的方法。

图 3-49　“多文与多图”处理方式范例 1
图片来源：*VOGUE*，2016 年 3 月刊

图 3-50　“多文与多图”处理方式范例 2
图片来源：*Better photography*，2015 年 10 月刊

图 3-51　“多文与多图”处理方式范例 3
图片来源：*Better photography*，2015 年 10 月刊

图 3-52　“多文与多图”处理方式范例 4
图片来源：*Digital SLR Photography*，2016 年 11 月刊

图 3-53　“多文与多图”处理方式范例 5
图片来源：*Digital SLR Photography*，2016 年 11 月刊

图 3-54　“多文与多图”处理方式范例 6
图片来源：杂志版式设计　Polar

## 三、以图形为切入点的版式

### (一) 图形的定位 (结构、位置)

图形是不同于文字的版式视觉构成要素。图形比文字更具体，更具形象性，因此注目度也更高。在图文共排的这类版式中图形往往成为版面设计的重心，无论是在竖向版面还是在横向版面中，如图 3－55、图 3－56 所示，通过设定图形放置的不同位置，实现对版面空间的方位占据，形成了版面空间的正负对比关系。通过调整这些空间的正负关系，就可得到许多迥异的版式风格。

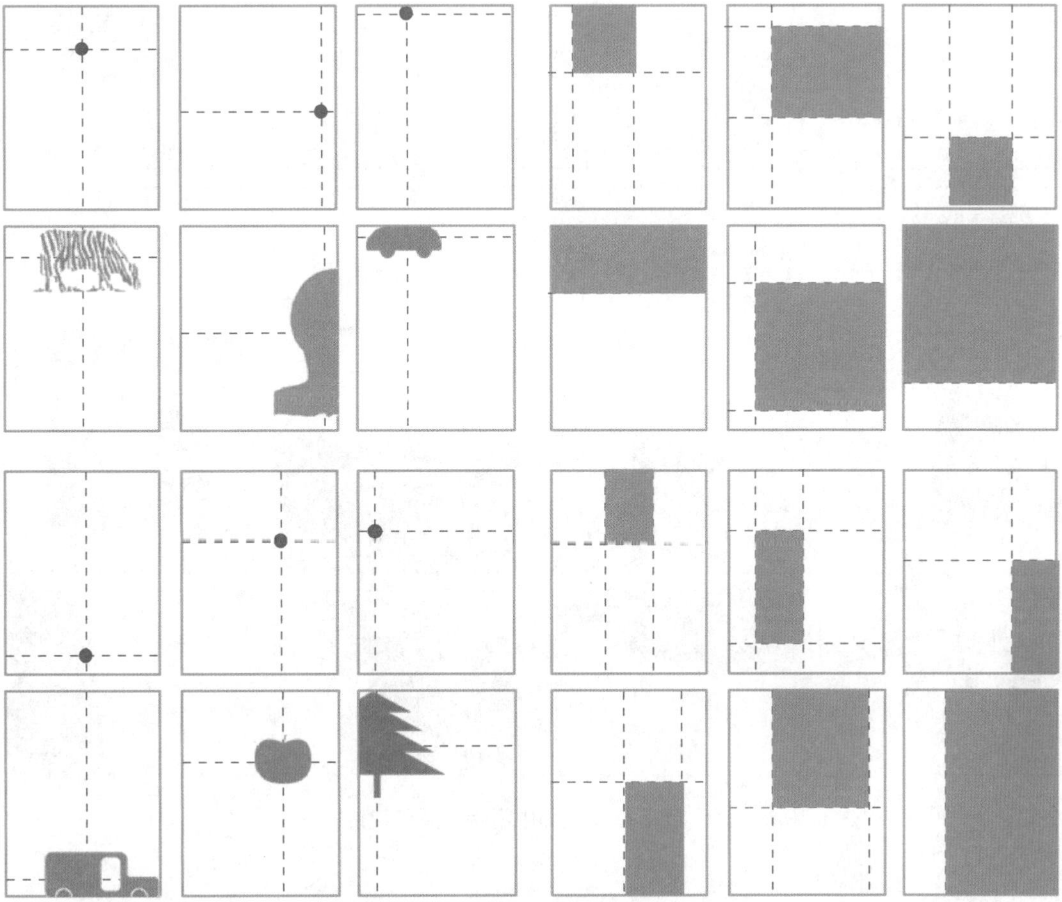

图 3－55 竖向版面中常用的图形定位方式

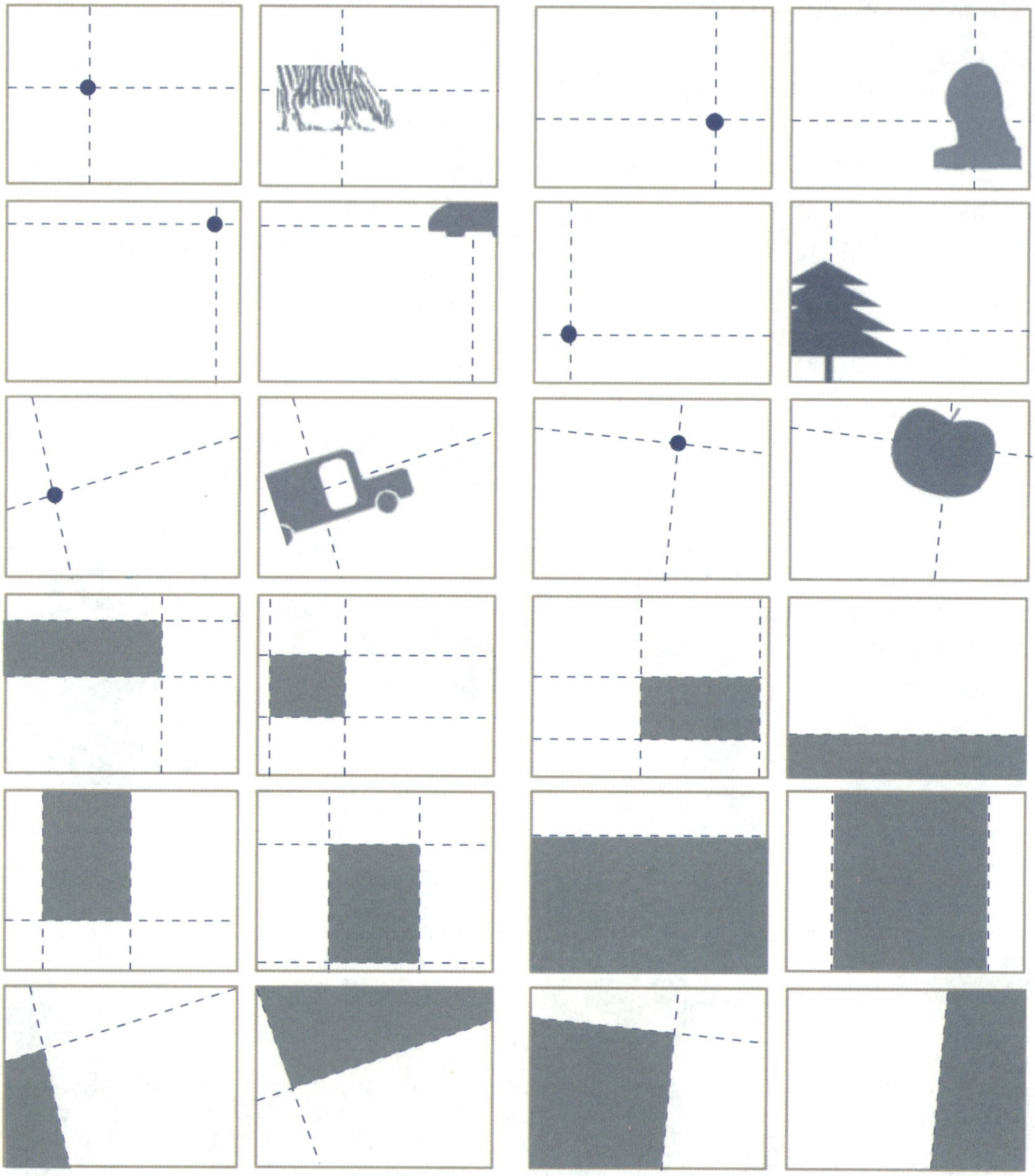

图 3-56　横向版面中常用的图形定位方式

## （二）图形、标题、正文的编排

图形、标题、正文的编排，是在通过设定图形位置界定的正负对比空间框架中，在整体版面视觉效果稳定的前提下，根据主题需求，通过横向、竖向甚至是斜向的布局方式，灵活地将标题与正文段落置入页面相应的感知区域，以期达到想要的视觉效果与信息传达的目的（见图 3-57、图 3-58）。

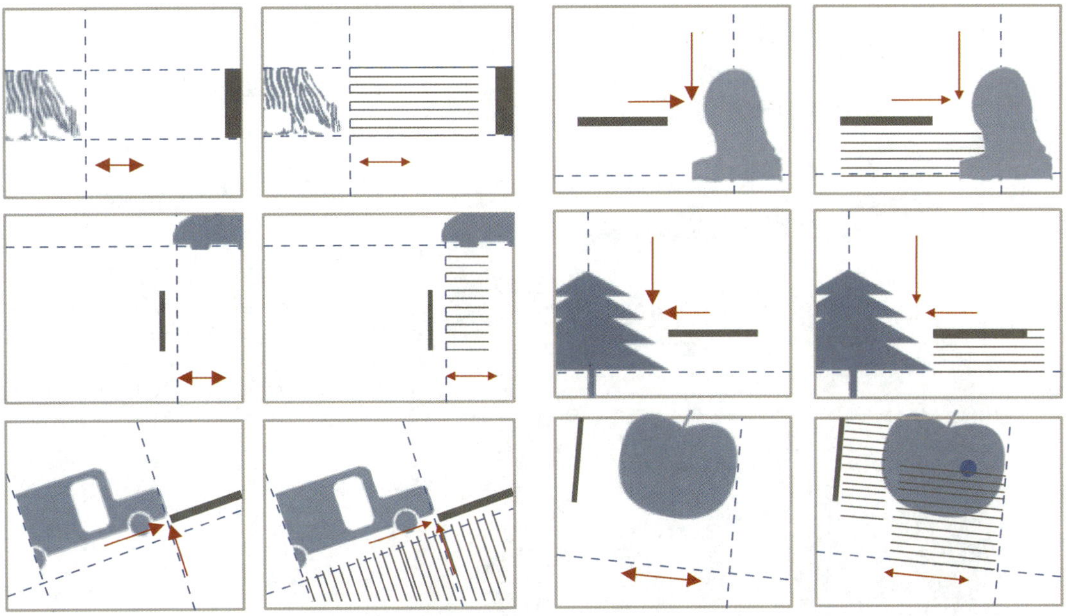

图 3-57 横向版面中常用的“图形、标题、正文”编排方式

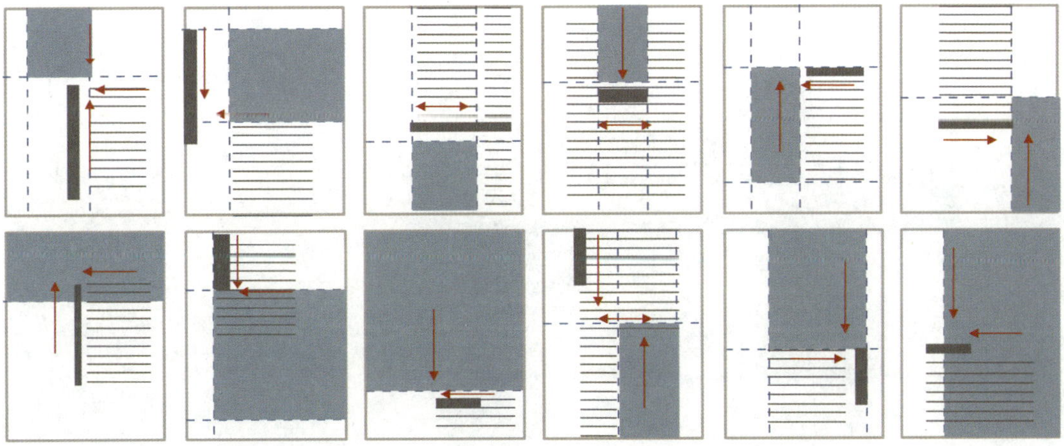

图 3-58 竖向版面中常用的“图形、标题、正文”编排方式

### （三）多图形、多标题、多正文的编排

多图形、多标题、多正文的编排方式与常规的编排方式相似，也是利用视觉规律对版面的感知区域做出大小、主次、强弱、明暗等结构上的有序安排。但由于元素的数量和层次更复杂，因此，能够呈现的版面结构与效果会更加丰富，编排的难度也会相应提高，常见的编排结构有：梯度结构、网格结构、穿插结构等，如图 3-59 所示。

图 3-59 “多图形、多标题、多正文”版式的常用编排方式

## 四、图片跳跃率

版面中面积最大的图片与面积最小的图片之间的面积比，叫作图片跳跃率。图片相差比率越大，跳跃率越高。通过调整图片的大小，形成主次关系，使版面变得更有条理、更有节奏。图片跳跃率高，可以给人以轻松活泼的感受（见图 3-60、图 3-61）；图片跳跃率低，可以给人以稳重、高品质的感受（见图 3-62、图 3-63）。

图 3-60 图片跳跃率较高的版式范例
杂志版式设计 设计者：Creative Voyage

Passion
and
PROSE
CHINESE OPERA in its many forms is a triumph of spirit and reinvention but can it survive the threat of modernisation?
Glass speaks to three masters of this timeless art

图 3-61 图片跳跃率较高的版式范例
杂志版式设计 设计者：Ben Slater

FRIEZE
MASTERS
frieze
masters

图 3-62 图片跳跃率较低的版式范例
杂志版式设计 设计者：Marka

"CADA PERSONAJE
ESTÁ HECHO DE
PEQUEÑAS SUTILEZAS,
MANERAS ESPECIALES
DE DECIR UNA PALABRA."

图 3-63 图片跳跃率较低的版式范例
杂志版式设计 设计者：Juan Pablo Dellacha

## 实践作业

### 图形、标题、正文的编排设计

（一）作业要求

以“上海工艺美术职业学院、视觉艺术学院”为标题，学院的专业介绍为正文与图片来源，按照要求进行图形、标题、正文的综合版面编排练习。

1. 图形为主的编排设计

分别按照文绕图、图文的引导、多图与多文等三种方式进行编排，作业要求不少于 8 张。

2. 文字为主的编排设计

采用文压图、多文与多图的方式进行编排，作业要求不少于 12 张。

### （二）作业规格

尺寸：A4 画幅。

## 拓展阅读

### 一、图形素材的裁剪与修正

随着数字技术的不断发展，版面真正地进入了“读图时代”。现在很难想象完全不加入图形的版面如何能吸引读者的目光。但作为版式设计重要元素的图形，使用前必须依照功能和意义进行必要的选择与处理，得到符合我们使用要求的图片。

对于图片的裁剪在一定程度上要讲究“镜头语言”，设计者可以以人们观看事物的视角和观看过程作为图片剪裁依据，让图片主动“讲故事”，并且使各种视觉语言产生内在的联系，达到最佳的和谐状态。

#### （一）根据图片信息不同的侧重点确定裁切部位

同样的一张图片，侧重表现全景，还是聚焦某一细节，都可以通过有选择的裁切来进行调整，如图 3－64 所示，通过不同的裁切方式，手表的全貌由远到近，逐渐缩小裁切范围，观察的重点也自然地随之变化。

图 3－64　根据不同信息侧重点的裁切方式示意

### （二）将图片信息中干扰因素（背景）裁掉（抠底）

当一张图片只有主体元素符合使用的需求，而背景其他部分对主体以及整个版面产生了不利的影响与干扰时，可以如图 3－65 所示，根据主体元素轮廓进行裁切，将不利因素排除。

图 3－65 不同类型物体的背景裁切示意

### （三）为强化图片的信息特点，对图片进行局部裁切

当一张图片中画面内容过于丰富，不利于突出需要传达的主题时，可以通过局部裁切的方式（见图 3－66），仅保留对版面主题有利的局部，突出最重要的信息。

图 3－66 强化局部信息裁切示意

（续图）

图 3-66　强化局部信息裁切示意

### （四）根据图片的分辨率，选择性地裁切图片中具有特点的各个部分

设计应用中，在分辨率合适的前提下，根据版式的布局以及其他实际需求，对完整图片进行选择性的裁切是常用的技术手段。如图 3－67 所示，同一张图片，选择不同的位置，裁切后的效果能够传达截然不同的细节与设计意图。

图 3-67　选择性裁切示意

## （五）根据版式的信息特点，选择有针对性的图片裁切形状

将图片根据版式的特别需求，按照特定的形状轮廓进行裁切，往往能够形成更为丰富独特的视觉效果，从而强化主题元素的渲染和重点信息的展示（见图 3－68、图 3－69）。

图 3－68 针对性图片形状的裁切范例 1
杂志版式设计 设计者：Holycow Design

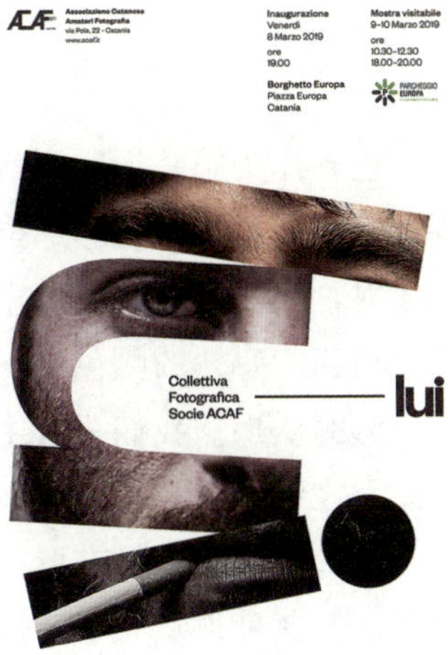


图 3－69 针对性图片形状的裁切范例 2
海报设计 设计者：Studio K95

第四章

# 版面的色彩特点

色彩作为第一视觉语言，在版式设计中给人视觉上的冲击最为直接、迅速，没有哪种视觉元素能像色彩那样具有强烈的情感特性。色彩是客观的，因为它源于自然光的反射，人们只要具备健全的视觉器官就能看到颜色。色彩又是主观的，我们看到的颜色与我们感知的颜色又不完全是一回事。人们的文化差异与个体的感受影响着我们对色彩的认识。我们只有主动自觉选择与信息主题相吻合的色彩，才能达到影响读者于无形之中的目的。

色彩自身虽不具有形状与材质特性，它有赖于其他元素作为载体来实现其艺术表现力，但各种视觉元素经过色彩的渲染却能焕发出各自不同的情感活力。版式设计中的色彩不是简单孤立的，文字、图形、色彩之间不应是单纯的搭配关系，而是围绕信息主题所进行的整合关系。色彩是渲染版式信息主题的手段和控制版式整体效果的重要工具，还是信息传播的桥梁。但版式设计追求的完美色彩样式却不能背离信息主题的内涵。

色彩在版式设计中的主要作用：表现版面情感；营造版面气氛；强化版面的视觉感染力；提高阅读效率与兴趣。

## 第一节　版式的色彩要素

### 一、保证信息有效传递的明暗层次

版式设计中，视觉元素之间良好的色彩明暗层次，是保证版面信息有效传递的前提。所谓明暗层次就是通常所说的黑、白、灰三种层次关系，任何复杂的色彩关系在滤去其色相、彩度等表现因素后，保留下来的都是色彩的明暗关系。明确的黑、白、灰层次关系能使视觉元素之间建立起主次与先后顺序，使信息传播更具层次性。

### 二、具有情感传递效应的色调

色调指色彩之间的某种倾向性。它由色彩的色相、明度、彩度三要素综合而成，其中某种因素起主导作用，就可以被称为某种色调。色调一定是以一个主调为支配力量，在统一的前提下产生多样性变化。

### （一）从色彩的色相上来分

色相是色彩的相貌，是色彩的首要特征。常见的有红、黄、蓝、绿等色相，清晰准确的色相能够给人留下深刻的印象（见图 4-1 至图 4-4）。

图 4-1　不同色相的版式设计范例 1
海报设计　设计者：Quim Marin

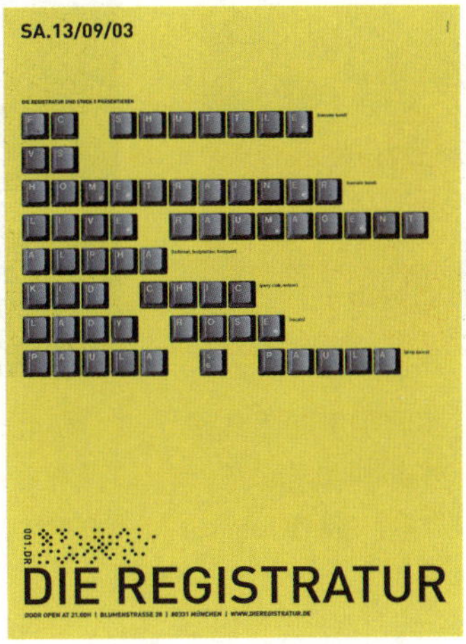


图 4-2　不同色相的版式设计范例 2
海报设计　设计者：Design Liga

图 4-3　不同色相的版式设计范例 3
海报设计　设计者：Xtian Miller

图 4-4　不同色相的版式设计范例 4
海报设计　设计者：MANSOOR

### （二）从色彩的明度上来分

明度指色彩的明暗程度，同样色相的色彩，明度越高则越亮，明度越低则越暗，从明度上可分为明色调、暗色调、灰色调，如图 4－5 至图 4－7 所示，不同的明度色调带来的视觉感受也是截然不同的。

图 4－5　不同明度的版式设计范例 1
海报设计　设计者：Igor Kochmak

图 4－6　不同明度的版式设计范例 2
海报设计　设计者：Roman Post

图 4－7　不同明度的版式设计范例 3
海报设计　设计者：Mitya Andrievskiy

## （三）从色彩的彩度上来分

彩度是色彩的三大属性之一，从通俗意义上来讲，就是颜色的鲜艳程度。色调从彩度上可分为清色调、浊色调。清色调彩度越高，色彩越纯，感觉越艳丽；相应的，浊色调彩度越低，色彩越涩，感觉越浑浊（见图 4－8、图 4－9）。

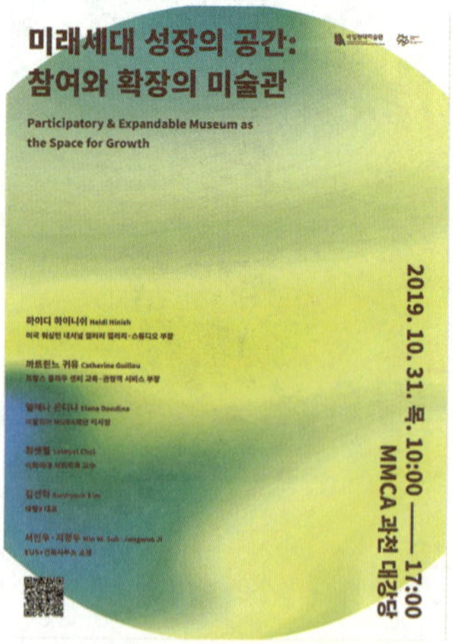


图 4－8　不同彩度的版式设计范例 1
海报设计　设计者：Paika

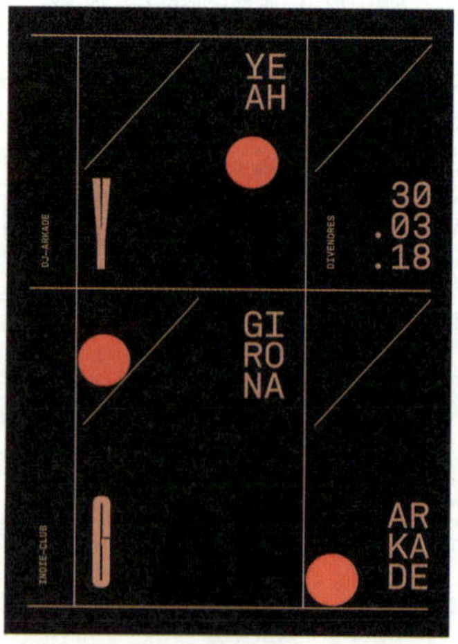


图 4－9　不同彩度的版式设计范例 2
海报设计　设计者：Quim Marin

(四) 从色彩的色性上来分

除了三大要素以外，色调还可以通过色性来划分，色性即色彩的冷暖差别，也被称为色温。可划分为暖色调、冷色调、中性色调，如图 4－10 至图 4－12 所示，不同色调的冷暖变化能够直观影响观察者的心理感受，进而有助于版面主题的强化。

图 4－10 不同色性的版式设计范例 1

海报设计 设计者：Pijus Burakas

图 4－11 不同色性的版式设计范例 2

海报设计 设计者：Igor Kochmak

图 4－12 不同色性的版式设计范例 3

海报设计 设计者：Panos Tsironis

## 第二节 版式色调的类别

色调是一种独特的色彩表现语言，它是版式设计中表现情感主题、渲染版面气氛的重要手段，它能迅速而又直观地使读者受到感染并产生联想，读者的注意力往往首先被版面所呈现的色调所吸引。不同的版面色调往往会给读者以不同的心理暗示和情绪感染。常见的色调类型有以下几种。

### 一、冷、暗色调（理性）

有沉静、理性感，适用于科技、理论类版面（见图 4－13、图 4－14）。

### 二、暖、明色调（感性）

有热烈、活泼感，适用于运动、休闲类版面（见图 4－15、图 4－16）。

图 4-13 冷、暗色调版式设计范例 1
书籍封面设计 设计者：Ezequiel Cafaro

图 4-14 冷、暗色调版式设计范例 2
图片来源：*Man's journal*，2016 年 9 月刊

图 4-15 暖、明色调版式设计范例 1
广告设计 设计者：Wernersam Studio

图 4-16 暖、明色调版式设计范例 2
书籍封面设计 设计者：P. D. WORKS

## 三、多彩与明快色调（生动）

有兴奋、华丽、活泼感，适用于儿童、娱乐类版面（见图 4-17、图 4-18）。

## 四、少彩与灰暗色调（抑郁）

有稳重、朴素、含蓄感，适用于回忆、纪念类版面（见图 4-19、图 4-20）。

THE
TŌKYŌITER

图 4-17 多彩与明快色调版式设计范例 1
杂志封面设计 设计者：Tokyoiter

A SLICE OF PIZZA WITH THE WORLD
PIZZA

图 4-18 多彩与明快色调版式设计范例 2
信息图表设计 设计者：Sung Hwan Jang

I have sawdust collecting on everything but my dream.
I have buyers lining up and orders streaming in.
I have apps to sync my online sales with my bottom line.
And I have all the tools I need right there on my workbench.
OWN IT.
intuit
QuickBooks.
OWN IT.

图 4-19 少彩与灰暗色调版式设计范例 1
图片来源：《时代周刊》，2015 年 1 月刊

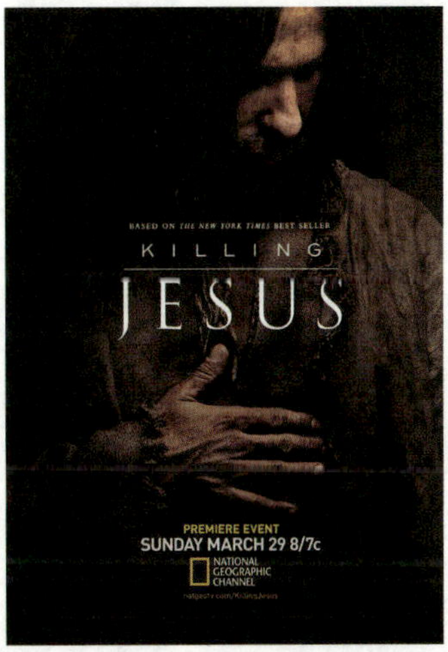
KILLING
JESUS
PREMIERE EVENT
SUNDAY MARCH 29 8/7c
NATIONAL GEOGRAPHIC CHANNEL

图 4-20 少彩与灰暗色调版式设计范例 2
图片来源：《国家地理》杂志，2015 年 4 月刊

## 五、低明色调（历史感）

有深沉、凝重、神秘感，适用于历史、传统类版面（见图 4-21、图 4-22）。

## 六、高明色调（现代感）

有开朗、清新、轻柔感，适用于时尚类版面（见图 4-23、图 4-24）。

⋂ 图 4-21　低明色调版式设计范例 1

图片来源：*Details*（美国版），2015 年 11 月刊

⋂ 图 4-22　低明色调版式设计范例 2

图片来源：*D-Photo Pro*，2012 年 2 月刊

⋂ 图 4-23　高明色调版式设计范例 1

杂志版式设计　设计者：taste

⋂ 图 4-24　高明色调版式设计范例 2

杂志版式设计　设计者：Kiss Miklos

## 第三节　版式色调的应用

良好的版式色彩关系应该是：色彩主题鲜明，对比层次清晰，整体关系和谐。构成和谐色彩关系的方法，就是遵循色彩的主次关系，按主、辅、点的配色方法，从颜色的比例、强弱、位置等各个方面进行整体而有序的安排。

## 一、版面的主色调

主色调是版面上的主体颜色。因其占面积最大或数量最多，而形成对版面整体色调调性的控制（见图 4－25 至图 4－27）。

图 4－25 不同主色调的版式设计范例 1

海报设计 设计者：Mansoor

图 4－26 不同主色调的版式设计范例 2

杂志封面设计 设计者：Polar

图 4－27 不同主色调的版式设计范例 1

图片来源：杂志版式设计 设计者：Building. Design. Construction

## 二、版面的辅助色

辅助色是版面中面积或数量仅次于主色调的颜色。起到烘托主色调、配合主色调、融合主色调效果的辅助色调（见图 4－28 至图 4－30）。

图 4－28 辅助色调在版式设计中的应用范例 1

图片来源：《国家地理》杂志，2015 年 4 月刊

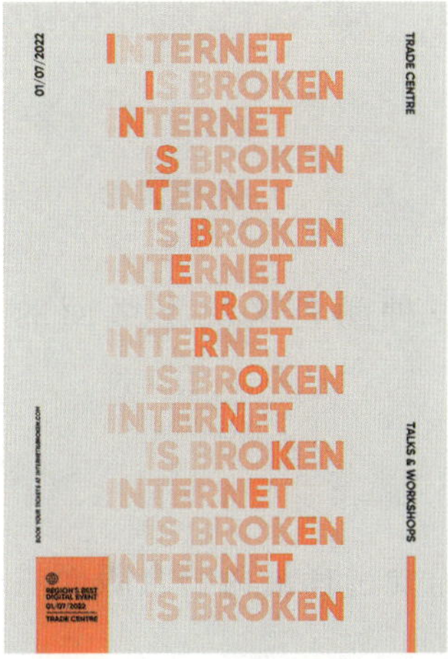


图 4－29 辅助色调在版式设计中的应用范例 2

海报设计 设计者：Mansoor

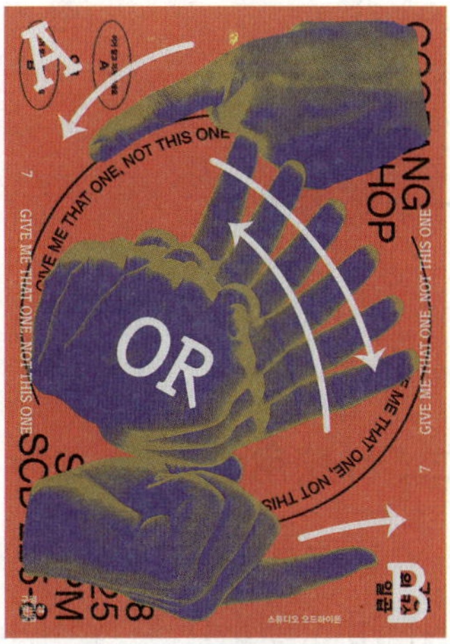


图 4－30 辅助色调在版式设计中的应用范例 1

海报设计 设计者：Kim Bo Huy

## 三、版面的点缀色

点缀色指在版面的局部位置表现强烈的对比颜色。起到强调主题效果、增加版面活力的作用（见图 4 - 31 至图 4 - 33）。

H

图 4 - 31　点缀色在版式设计中的应用范例 1

杂志版式设计　设计者：H. Magazine

03.01.2020
TEN
NIS
two
thousand
twenty
Hello, this is the
everyday poster series
Day 10
igorkochmak /
posterseries /
#dailyposter /
#postereveryday /

图 4 - 32　点缀色在版式设计中的应用范例 2

海报设计　设计者：Igor Kochmak

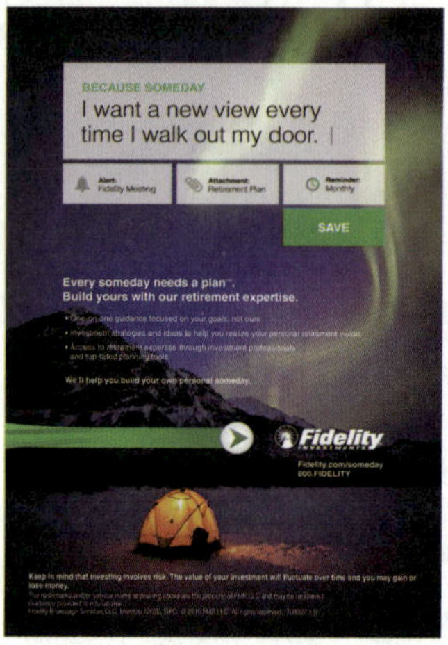
BECAUSE SOMEDAY
I want a new view every
time I walk out my door.
SAVE
Every someday needs a plan.
Build yours with our retirement expertise.
Fidelity

图 4 - 33　点缀色在版式设计中的应用范例 3

图片来源：《国家地理》杂志，2015 年 4 月刊

# 第四节　版式色调的构成方法

## 一、页面套色

页面套色指用图片或某一种颜色来决定版面的主色调，营造版面气氛（见图 4 - 34 至图 4 - 36）。

## 二、标题用色

标题用色指标题的色彩，需要选择最为符合版面主题的色彩，起到突出版面主题的作用（见图 4 - 37 至图 4 - 39）。

图 4 - 34 页面套色设计范例 1
画册版式设计 设计者：Cursor Design Studio

图 4 - 35 页面套色设计范例 2
画册版式设计 设计者：Quim Marin

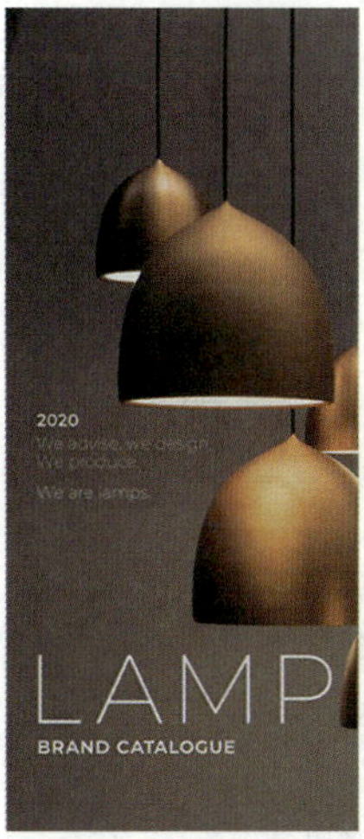


图 4 - 36 页面套色设计范例 3
画册版式设计 设计者：Cursor Design Studio

图 4 - 37 标题用色设计范例 1
杂志版式设计 设计者：H. Magazine

图 4 - 38 标题用色设计范例 2
杂志版式设计 设计者：Marka

图 4 - 39 标题用色设计范例 3
杂志版式设计 设计者：Violaine & Jeremy

## 三、标题做底色

标题做底色指在标题文字的范围内设定一个衬底的色彩，往往用以烘托版面的主题气氛（见图 4 - 40 至图 4 - 42）。

图 4－40　标题做底色设计范例 1

书籍封面设计　设计者：Ezequiel Cafaro

图 4－41　标题做底色设计范例 2

海报设计　设计者：Igor Kochmak

图 4－42　标题做底色设计范例 3

杂志版式设计　设计者：Marka

## 四、正文用色

正文用色指在正文段落中，选取一部分或者全部文本进行色彩的改变。目的一般是突出重点段落，起到美化版面、增强版面感染力的作用（见图 4－43 至图 4－45）。

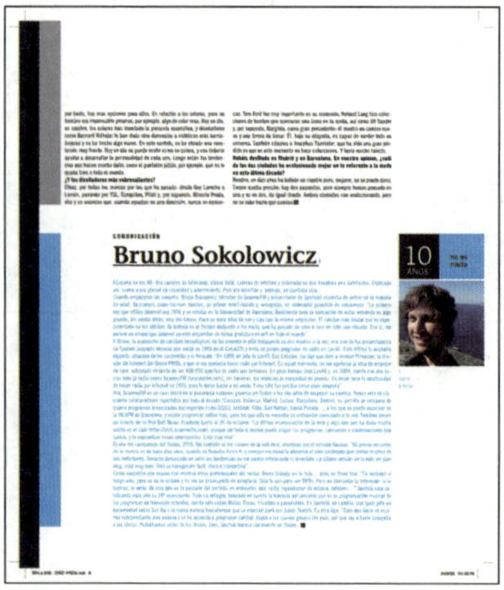


图 4－43　正文用色设计范例 1

图片来源：*Diez Anos. indt*，2008 年 9 月刊

图 4－44　正文用色设计范例 2

杂志版式设计　设计者：Juan Pablo Dellacha

图 4－45　正文用色设计范例 3

杂志版式设计　设计者：Catarina Gonçalves

## 五、正文做底色

正文做底色是在正文段落的局部文本区域设定衬底的色彩，目的是突出文本的重点，强化段落文本的内涵（见图 4－46 至图 4－48）。

图 4－46　正文做底色设计范例 1

杂志版式设计　设计者：Atelier Martino & Ja & n

图 4－47　正文做底色设计范例 2

杂志版式设计　设计者：The Creative Arms

图 4－48　正文做底色设计范例 3

杂志版式设计　设计者：Queffelec

## 六、图片彩色

图片彩色指选择与版面主题相应的彩色图片或者对原始图片进行处理，赋予某种主题色彩，强化整体版面的气氛（见图 4－49 全图 4－52）。

图 4－49　图片彩色设计范例 1

图片来源：Backpacker 网站页面设计

WAACKIN'MELB
"Originally, purpose of Burn City Waack was to find more people to dance with because back then waacking was not a thing in Melbourne, now to see how it changes people and their lives, help them discover themselves and gain confidence through Waacking" - Andy Kuramoto.
Join the session and jam with other waackers!
WHERE
IMAX Melbourne Museum - 11 Nicholson St, Carlton, Victoria, Australia 3053
WHEN
Every Thursday, 7.30 - 10.00 PM
11

图 4-50 图片彩色设计范例 2
画册版式设计 设计者：Joey Truong

RESIDENTIAL
LIGHTING
POV
Summer is finally hitting its stride — school is out, the sun is shining and the newest styles are bringing the heat. We've packed this issue with loads of these contemporary looks, so put your shades on! It starts on page 35 with the summer Las Vegas Market Preview, where an array of fixtures and portables in the most fashionable forms are showcased. Then, we scoured International Contemporary Furniture Fair lighting finds to discover "A New Class of Glass" starting on page 44, and we close with four trends to watch — new blues, sophisticated grays, long and lean shades, and authentic materials — on page 50. Read up and soak it in — armed with the info from this edition, you're bound to stay cool.
www.ResidentialLighting.com | JULY 2016 43

图 4-51 图片彩色设计范例 3
图片来源：Residential lighting 网站页面设计

ährlich
ist
Gefährlich
ist wer
Schmerzen
nnt
20
02
vom Feuer
das den
Geist
verbrennt
Neue Deutsche
Härte
Motor Music

图 4-52 图片彩色设计范例 4
海报设计 设计者：Roman Post

## 第五节 版面的色彩设计

版面的色彩设计通常采用组调或者变调的方法。

## 一、组调

组调指在各种颜色调子中（色调、彩调），每个颜色都被一种色彩调子结构关系所控制，或表现为亲近和谐，或表现为排斥对立（见图 4－53 至图 4－56）。

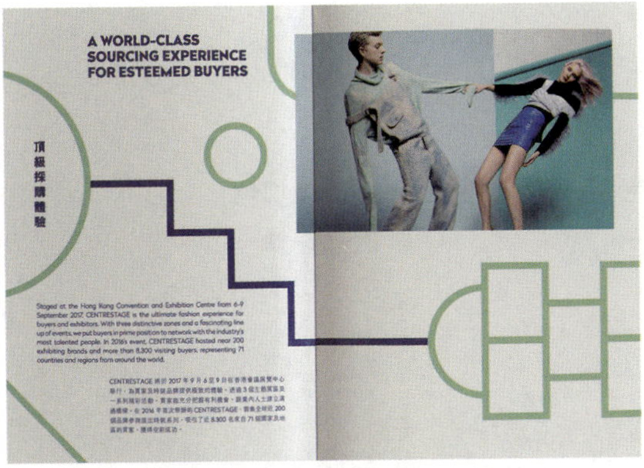


图 4－53 亲近和谐的组调 1
画册版式设计 设计者：Jim Wong

图 4－54 亲近和谐的组调 2
画册版式设计 设计者：Jim Wong

图 4－55 排斥对立的组调 1
画册封面设计 设计者：Fundamental Studio

图 4－56 排斥对立的组调 2
海报设计 设计者：Quim Marin Studio

### （一）色相组调

色相组调以不同色彩在色相环上的相对角度关系为依据，色彩在色相环上相隔的角度愈大，色相对比的效果愈强。反之，相隔的角度愈小，对比的效果愈弱（见图 4-57）。

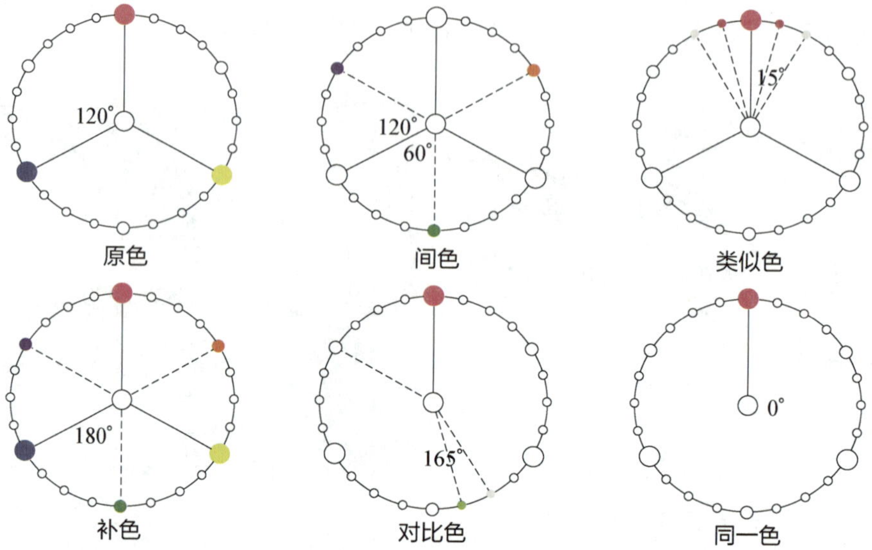


图 4-57　不同的色相关系

同类色为色相弱对比；类似色为色相中对比；对比色为色相强对比；补色为色相最强对比。不同的色相对比关系可以呈现完全不同的组调效果（见图 4-58）。

图 4-58　色相组调课堂训练示范

（二）明度组调

明度组调以色彩深浅程度为依据。以黑、白、灰系列的 9 个明度阶梯（见图 4-59）为基本标准进行明暗对比强弱的划分。靠近白的 3 级（7、8、9）称高调色，靠近黑的 3 级（1、2、3）称低调色，中间 3 级（4、5、6）称中调色。

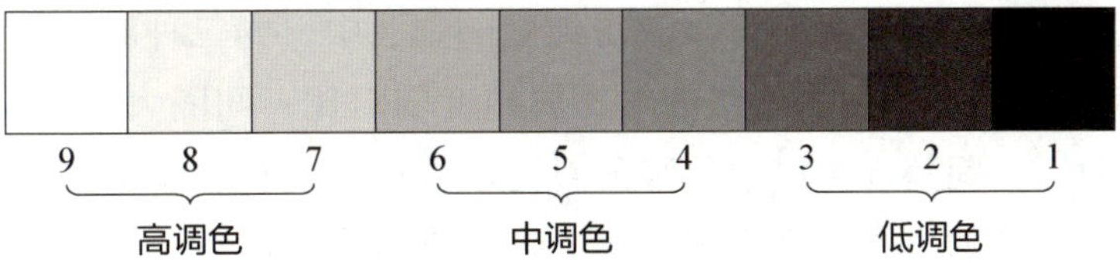


图 4-59 明度变化

色彩间明度差别的大小决定着明度对比的强弱。凡是色彩的明度差在 3 个级数差以内的对比为明度弱对比，由于这种对比的关系在明度阶段轴上的距离较近，所以又称短调对比；5 个级数差以外的对比称明度强对比，由于这种对比关系在明度轴上距离比较远，又称长调对比；3～5 个级数差之内的为明度中对比，又称中调对比。不同程度的明度对比，同样也能够形成多样化的组调效果（见图 4-60）。

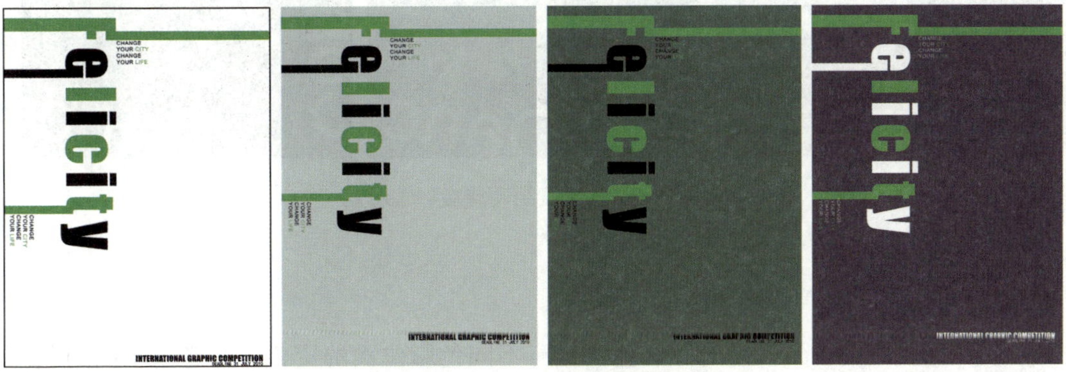


图 4-60 明度组调课堂训练示范

## （三）艳度组调

艳度组调以色彩鲜浊度的级差为依据。任一纯色与同明度的灰按照一定的比例相混合，直至完全的中性灰，可组成一个完整的纯度变化色阶（见图 4-61），我们可将色彩的纯度从灰色至纯色分为 11 个纯度色阶（0 至 10，其中 0 为无彩度灰，10 为纯色）：以 0—3 级为主调的为低纯度基调（灰调）；以 4—6 级为主调的为中纯度基调（中调）；以 7—10 级为主调的为高纯度基调（鲜调）。

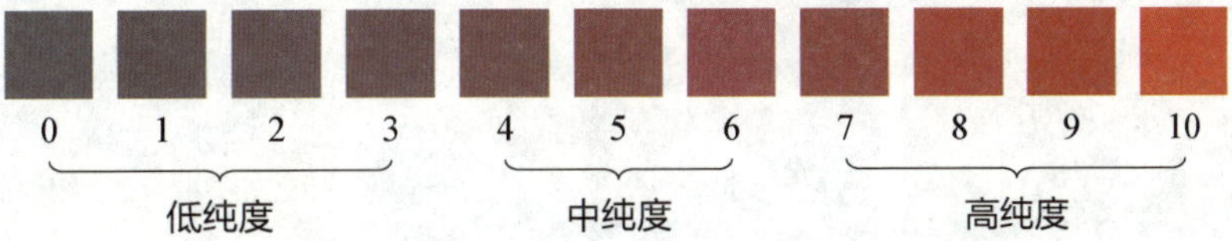


图 4-61 色彩鲜浊度

利用纯度推移的色阶，我们可以获得纯度的强、中、弱三种对比效果。在纯度色阶上，两色相间隔只有 0～3 个等级的对比属纯度弱对比；间隔大约 3～5 个等级的对比属纯度中间对比；间隔 5 个以上等级的对比属纯度强对比。不同的纯度对比带来不同的艳度组调，呈现的也是完全不同的视觉和心理感受（见图 4 - 62）。

图 4 - 62 艳度组调课堂训练示范

## 二、变调

变调指色调的转换，是对原有色调进行不同色彩位次的变化，并产生不同的色调系列。同样的版面，变调处理后能够形成各类截然不同的心理视觉感受（见图 4 - 63 至图 4 - 66）。

图 4 - 63 变调设计范例 1

海报设计 设计者：Res Eichenberger

r
2003/04
atelier du répertoire
r
2003
r
session de composition
r

图 4-64 变调设计范例 2
版式设计 设计者：Queffelec

Outside Line
by RICHARD MEADEN
Today's performance cars are amongst the most exciting ever made, so why, wonders Meaden, have they got such bland names?
'The names given to 2014's dazzling machines could be mistaken for a catalogue of domestic appliances'
Champ
by DARIO FRANCHITTI
Think American racetracks are easy compared to European ones? Dario explains why you should think again
'At Watkins Glen there's a corner that's flat out in fifth with five feet of run-off. That gets your attention'
Petrolhead
by RICHARD PORTER
It's not just Meaden who's disappointed by current car-naming practices: Porter's got a particular bone to pick with Jaguar Land Rover
'Premium Luxury is the sort of word pairing they slap on super-absorbent kitchen roll, not on a car'

图 4-65 变调设计范例 3
图片来源：evo. co. uk 网页版式设计

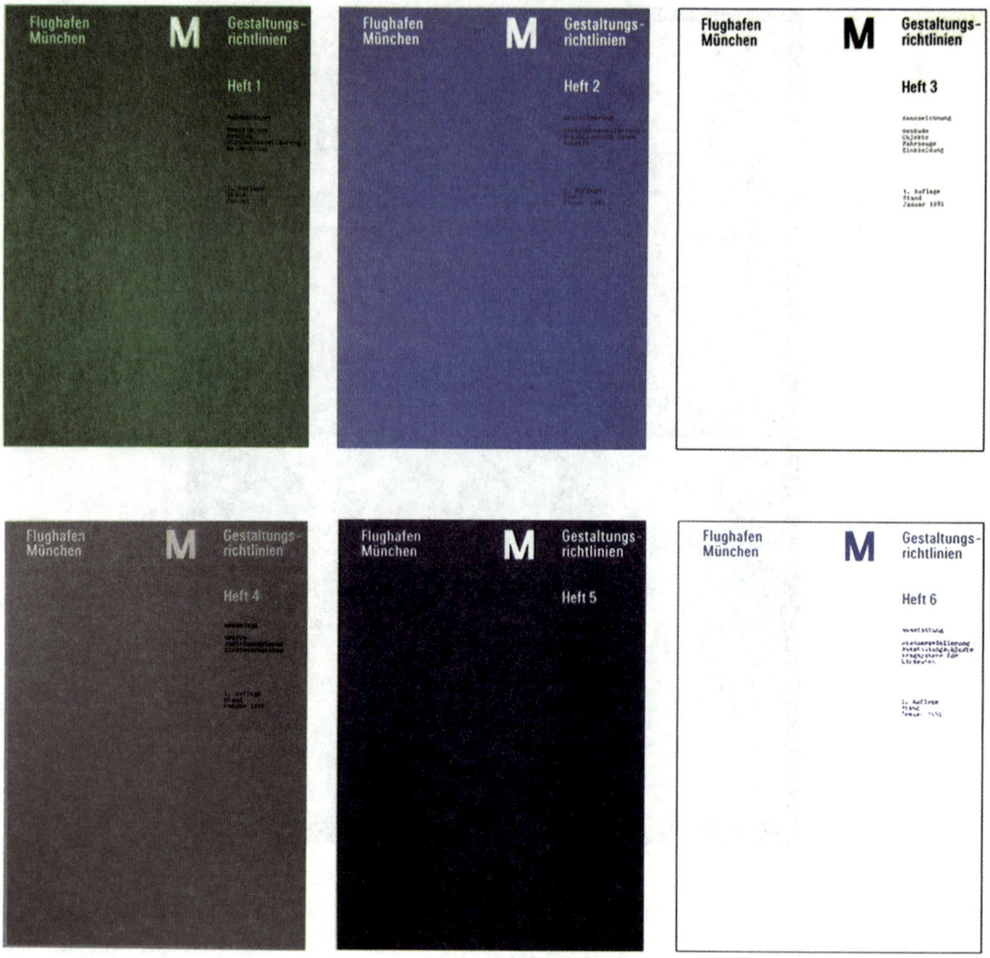


图 4-66　变调设计课堂训练示范

## 实践作业

### 一、版式色调的构成编排设计

#### （一）作业要求

按版式色调的构成方法完成下列版式编排练习

页面套色；标题用色；标题做底色；正文用色；正文做底色。按每种构成方法完成不少于 4 张的设计。

(二) 作业规格

尺寸：A4 画幅。

## 二、版面的色彩编排设计

(一) 作业要求

按“主、辅、点”的关系完成页面配色练习（页面套色、标题套色、标题做底色翻白、正文套色、正文做底色字）

冷、暗色调；暖、明色调；多彩与明快色调；低暗色调；高明色调。按每种构成方法完成不少于 4 张的设计。

(二) 作业规格

尺寸：A4 画幅。

设计题目：海报设计（尺寸：700×1 000 mm）；4 幅。

[海报主题：会展、产品、文化节、大赛。海报设计内容（标题、正文、图片）]

“会展、产品、文化节大赛”的海报色彩设计。

# 拓展阅读

## 一、版式色彩的归纳方法

在版式的色彩设计中经常会碰到固定的色彩与不固定的色彩两类，其中固定的色彩一般包括图片、标志、花纹等；不固定的色彩一般包括文字、版面背景等。为了能明确完整地表达版面的信息，呈现完美的色彩关系，有时不得不对这两者关系进行调整。

(一) 从图片中提取版面的颜色信息

将图片上的颜色作为版面的主色调，在从图片上提取颜色信息时，可以遵循明度轴（黑、白、灰）由浅入深提取色相的规则，同时兼顾到彩度与冷暖等要素。在提取若干个色标后，按“主、辅、点”的关系形成自己的配色表（见图 4-67）。此方法特别适合以图片为主的版式结构。

(二) 按主题要求改变图片颜色

版式色调常常是由信息主题所决定，当然以主题要求来选择图片，有时图片的颜色必须根据主题色调的标准做出改变，这种改变就是一种“变调”。“变调”的前提是

图 4-67　图片色调提取课堂训练示范

在“主、辅、点”的配色表中找准自己相应的位置，或“明”或“暗”，或“暖”或“冷”，或“鲜艳”或“混浊”。此“变调”方法常常用于以文字为主的版式设计（见图 4-68）。

图 4-68　主题变调课堂训练示范

### （三）用主题目标来组合版面的颜色

有时版式主色调不以某张图片的颜色或某个底色为依据，而对文字、图片等元素做出颜色上的具体限制，但文字、图片等元素却都围绕着某个主题目标产生一种相互对应的色彩关系，表现为组合的“主、辅、点”的视觉特征（见图 4-69）。

图 4-69　组合版面色彩范例
杂志版面设计　设计者：H. Magazine

# 第五章

# 版面的网格结构

版式设计中不仅要考虑信息的视觉设计问题，还要考虑到信息的量化与分层的传达问题。比如，如何将图形、正文、标题、列表等所有元素有机地组合在一起，并使它们具有和谐统一的视觉效果？如何高效地解决版式设计中经常碰到的问题？人们经过不断的实践，逐步总结出了对版心进行网状的区域划分，模块化的结构方法，有效组织复杂的视觉信息。

网格结构（Grid Systems）就是对版心做出区域划分，其基本样式是通过垂直线和水平线对版面进行划分并产生等面积的矩形区域，这样就使得版心与这些区域之间以及区域与区域之间具备了一定的数列关系（见图 5－1 至图 5－6）。这种数列关系无形中形成很强的比例感、秩序感、连续感，更具有准确性、条理性、逻辑性和科学性。同时，网格给出的是一种约束，这种约束使版面的图形、正文、标题、列表等视觉要素更容易在约定范围内进行组织，也更容易保持版面元素之间的一致性，以及版面空间的协调性与表现形式上的延展性。作为一种注重客观分析和理性设计的方法，它成了提高设计效率，解决各种复杂设计问题的方法。其选择性和组合性可以说是无限的。统一的作品面貌，高效的信息传播方式，使版面内容更易阅读，让读者拥有了更好的阅读体验。

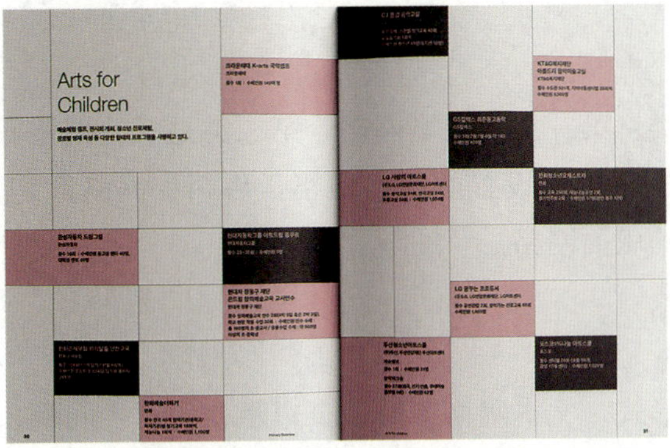


图 5－1　网格结构版面范例 1

画册版式设计　设计者：Design Intro

图 5－2　网格结构版面范例 2

画册版式设计　设计者：Phuong Thaoo

图 5-3　网格结构版面范例 3
杂志版式设计　设计者：Queffelec

图 5-4　网格结构版面范例 4
杂志版式设计　设计者：Queffelec

图 5-5　网格结构版面范例 5
画册版式设计　设计者：Anonymous Singapore

图 5-6　网格结构版面范例 6
画册版式设计　设计者：Anonymous Singapore

## 第一节　版式网格

目前常用的网格结构一般可分为三大类：第一类是文本网格，第二类是模块网格，第三类是组合网格。第一类网格是主要为文字编排设置的版面网格，后两种网格都是为能适应较为复杂的图文编排内容而设置的版面网格。

### 一、文本网格

文本网格属于比较早就被使用的网格形式，文本网格主要由页边距、栏、栏间距、悬线等组成。文本网格内一般可根据信息要求设置数量不同、宽度不等的栏目。可以是一栏（通栏），也可以是多栏（2～6 栏），栏间距一般是左右页边距的 1/2 宽。以垂直文本栏为主要特点的文本，也可以通过设置悬线（水平线）来改变不同文本栏的高度，从而引导读者的视线，并为文本与图片划定了起始与停顿的位置，以及需要插入的注释位置等（见图 5－7）。

图 5－7 常用文本网格结构

## 二、模块网格

模块网格是现代主义的网格形式，以实现对复杂信息的精确控制。模块网格是对文本栏进行等面积的多次划分，形成了由垂直线组成的页边距（左右）、栏、栏间距和由水平线组成的页边距（上下）、段、段间距的网状模块结构（见图 5－8）。模块的大小决定了网格的数量，一定数量的模块客观上为复杂的视觉信息组织提供了更多的可能性。

图 5－8 常用模块网格结构

## 三、组合网格

由于信息内容的复杂程度不一致，往往需要多种网格间的组合才能将信息组织完整。组合网格一般是以比重较大的那部分信息的组织网格为基础网格，并加入比重较小的那部分信息的组织网格，形成能充分体现整体信息特点的组合网格（见图 5－9）。

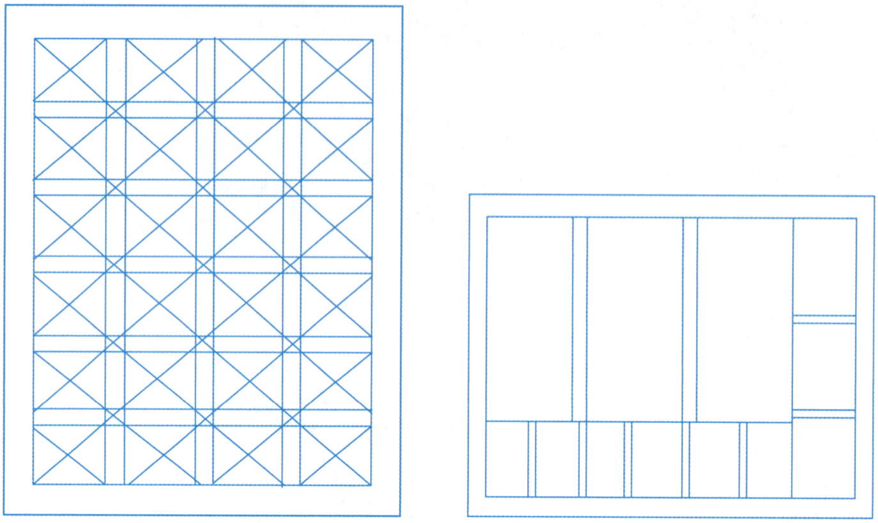

图 5－9　常用组合网格结构

## 第二节　版面网格的设置

设置网格必须先分析给定的材料（文本及图片）。如依据材料中文本的篇幅、图片的数量以及版面的规格确定版心尺寸。

### 一、设定页边距

页边距决定版面的外部边界。如同画框一样界定了版心范围，集中了读者的注意力。同时页边距设定的宽窄与形式客观上反映出版式的风格。

页边距的设定并没有固定模式，最主要是由其需要传播的信息内容决定。单一的版面与多样的版面之间差异是比较明显的。前者要求灵活，后者需要统一。

较常见的页边距划分方式有三类：等宽页边距、同比例页边距、比例分配页边距（见图 5－10）。

（1）等宽页边距：指四条页边距的尺寸设置完全相同。

（2）同比例页边距：指页边距的形成完全依照页面版式的比例关系。

（3）比例分配页边距：指把开本的宽度分为 3 份（A、B、C 区），版心占 2 份（A＋B 区）。余下的 C 区再分为 3 份，内白边占 C 区 3 份中的 1 份，外白边占其中 2 份，上白边占 3/2 份，下白边占 C 区的整份。

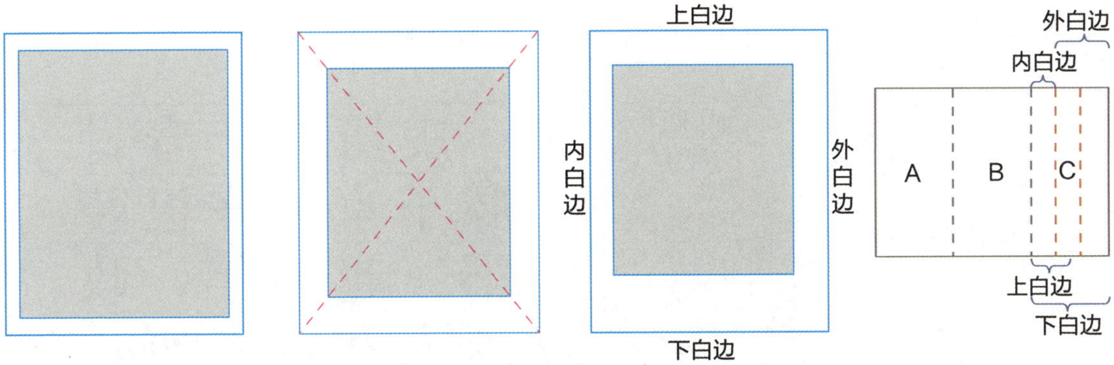


图 5-10 设定页边距

## 二、文本因素的分析与配置

### （一）文本结构的建立

为保证网格单元格中出现的所有文字能够做到上下顶格，同时也保证相邻栏之间的文字行不出现错行。设计者在设置单元格文字行的高度前必须充分考量文字之间的所有关系。这些关系应该包括：标题、副标题、正文、图例、页眉、页码等出现在版面上的所有文字，同时这种考量应该兼顾到适合所有文字编排的基本行高。

首先根据文本内容与读者性质决定正文字号。其次标题、副标题、正文、图例等页面中不同大小文字的行间距应成倍数关系（见图 5-11）。

### （二）文字行的设定

#### 1. 行数的计算

在确定了字号与行间距的基础上，进一步来确定版面网格大致尺寸。首先根据正文及行间距来计算单元格内可容纳的文字行（基线尺寸）。

如图 5-12 所示，设置条件：A4 规格，版心高 275 mm，版心宽 190 mm；

行高设置：12 pt＝12×0.353＝4.236 mm；

栏高：275÷4.236≈65 行（四舍五入取整数）；

空白行：6－1＝5 行；

总单元模块行数（设 6 个单元模块）：65－5＝60 行；

每单元模块行数（设 6 个单元模块）60÷6＝10 行。

#### 2. 网格的划分

在已确定的版心范围内再进行栏的垂直划分，栏一般可划分为偶数栏（2 栏、4 栏、6 栏、8 栏）与奇数栏（3 栏、5 栏、7 栏），一般情况下，偶数栏具有对称的平稳

图例说明（7+1pt）

庆历四年春，滕子京谪守巴陵郡。越明年，政通人和，百废具兴。乃重修岳阳楼，增其旧制，刻唐贤今人诗赋于其上；属予作文以记之。

予观夫巴陵胜状，在洞庭一湖。衔远山，吞长江，浩浩汤汤，横无际涯，朝晖夕阴，气象万千，此则岳阳楼之大观也。前人之述备矣。然则北通巫峡，南极潇湘，迁客骚人，多会于此，览物之情，得无异乎？

若夫霪雨霏霏，连月不开，阴风怒号，浊浪排空，日星隐耀，山岳潜形；商旅不行，樯倾楫摧；薄暮冥冥，虎啸猿啼；登斯楼也，则有去国怀乡，忧谗畏讥，满目萧然，感极而悲者矣。

至若春和景明，波澜不惊，上下天光，一碧万顷；沙鸥翔集，锦鳞游泳，岸芷汀兰，郁郁青青。而或长烟一空，皓月千里，浮光跃金，静影沈璧，渔歌互答，此乐何极！登斯楼也，则有心旷神怡，宠辱皆忘，把酒临风，其喜洋洋者矣。

嗟夫！予尝求古仁人之心，或异二者之为。何哉？不以物喜，不以己悲。居庙堂之高，则忧其民；处江湖之远，则忧其君：是进亦忧，退亦忧。然则何时而乐耶？其必曰：先天下之忧而忧，后天下之乐而乐乎？噫！微斯人，吾谁与归！

正文（10+2pt）

庆历四年春，滕子京谪守巴陵郡。越明年，政通人和，百废具兴。乃重修岳阳楼，增其旧制，刻唐贤今人诗赋于其上；属予作文以记之。

予观夫巴陵胜状，在洞庭一湖。衔远山，吞长江，浩浩汤汤，横无际涯，朝晖夕阴，气象万千，此则岳阳楼之大观也。前人之述备矣。然则北通巫峡，南极潇湘，迁客骚人，多会于此，览物之情，得无异乎？

若夫霪雨霏霏，连月不开，阴风怒号，浊浪排空，日星隐耀，山岳潜形；商旅不行，樯倾楫摧；薄暮冥冥，虎啸猿啼；登斯楼也，则有去国怀乡，忧谗畏讥，满目萧然，感极而悲者矣。

至若春和景明，波澜不惊，上下天光，一碧万顷；沙鸥翔集，锦鳞游泳，岸芷汀兰，郁郁青青。而或长烟一空，皓月千里，浮光跃金，静影沈璧，渔歌互答，此

标题（20+4pt）

庆历四年春，滕子京谪守巴陵郡。越明年，政通人和，百废具兴。乃重修岳阳楼，增其旧制，刻唐贤今人诗赋于其上；属予作文以记之。

予观夫巴陵胜状，在洞庭一湖。衔远山，吞长江，浩浩汤汤，横无际涯，朝晖夕阴，气象万千，此则岳阳楼之大观也。前人之述备矣。然则北通巫峡，南极潇湘，迁客骚人，

图 5－11　不同文本内容的字号与行间距的关系

图 5-12 行数的计算

感，奇数栏具有非对称的新奇感。而栏目数愈多，网格则愈密。

在尽可能吻合文本段落平均长短的前提下，以栏为依据进行段的水平划分。形成网格状结构，和栏间距一样，水平的段之间也应有一定的距离——段间距，其高度以基线内所排文本的字符为依据，或一行或数行（见图 5-13）。

图 5－13　网格的划分

## 第三节　版面网格的使用

对于网格的使用最基本的要求就是将文字、图片等要素与单元格进行严格的对位，保证处于单元格内的文字与图片必须“撑格”，即单元格内的文字必须首尾两行顶格，而单元格内的图片亦必须以单元格的具体尺寸为选择与裁切依据。

同时在网格的使用过程中由于过分受制于单元格的宽度，而容易出现刻板的版面效果。因此网格编排的方法并不是一成不变的，它可以根据需要进行不同形式的跨越组合，并由此产生不同区域间的大小对比效果。

如图 5－14 所示，常见的网格模块编排方法有原栏编排、并栏编排、跨栏编排、破栏编排等几类。

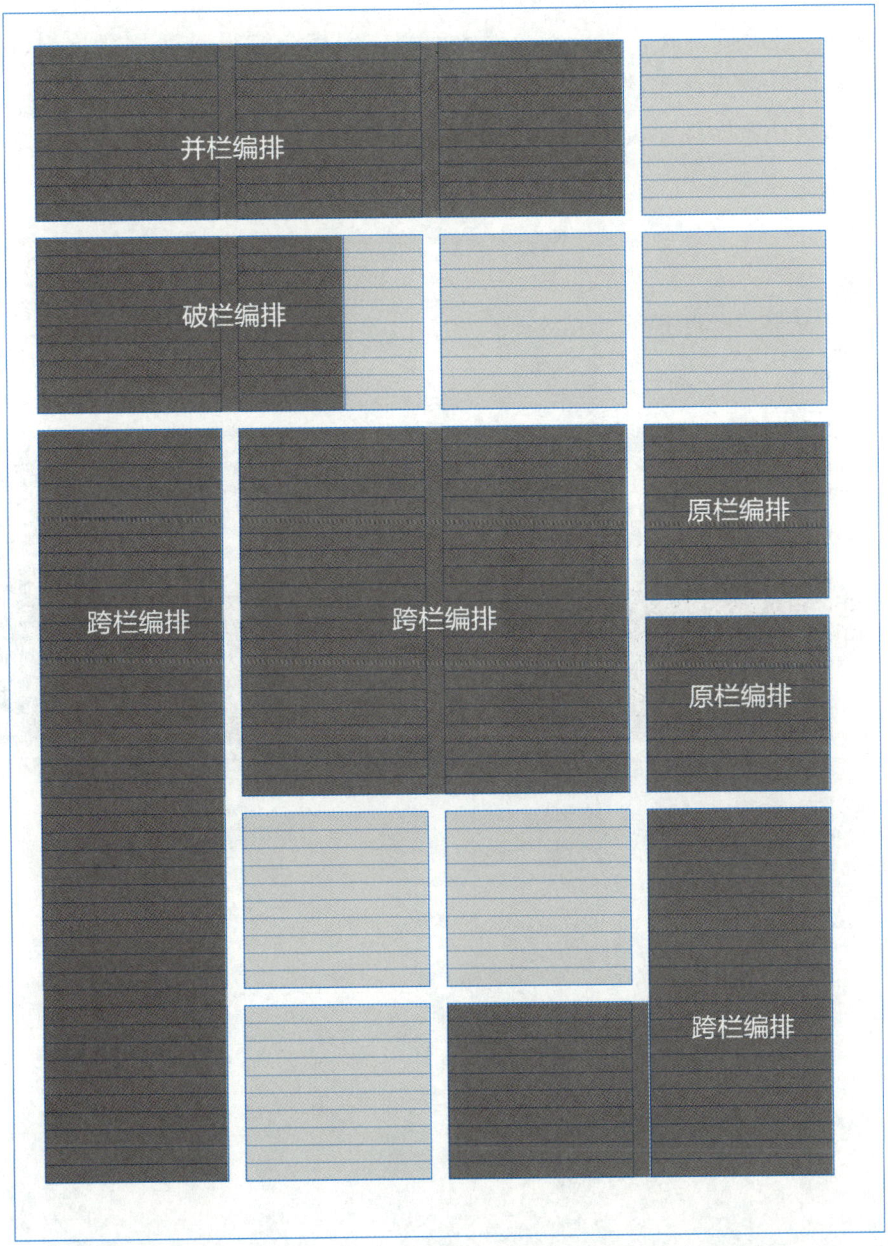


图 5－14　不同形式的模块跨越组合方法

(1) 原栏编排：指严格地在原有单元格的大小范围内进行文本与图片的编排方式。

(2) 并栏编排：指将多个单元格进行合并成更大的编排区域，来适应文本与图片编排需求的编排方式。

(3) 跨栏编排：指根据实际文本的长短及图片的尺寸，不局限在原有单元格，将文本与图片编排至相邻的单元格的编排方式。

(4) 破栏编排：指不刻意追求每个单元格的边界，在遵守网格规范的基础上，对网格的某些区域进行有意识的突破的编排方式。

无论哪一种编排方式，如果单一地大面积应用都会使得版面显得拘谨而缺乏活力，因此在实际的设计实践中，设计师往往会将多种单元格编排方式综合使用，互相组合穿插，使整体版面设计的最终效果显得更为灵动，富有设计感（见图 5－15、图 5－16）。

图 5－15　模块组合编排步骤示意 1

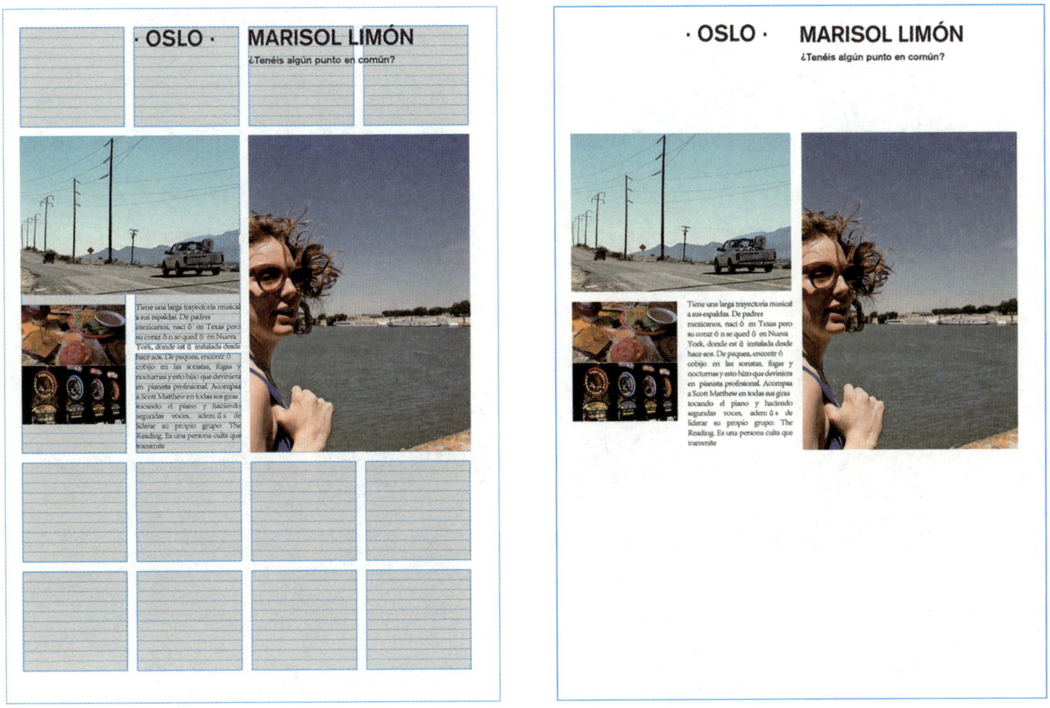


图 5-16 模块组合编排步骤示意 2

# 第四节 版面的网格设计

## 一、版面网格与文字

在将段落文本放入网格中的设计过程中，主要考虑的问题是段落文本如何利用网格的模块使所形成的字面形与页面的空白负形之间相互作用，同时必须从空间的变化节奏上做出逻辑上的安排（见图 5－17）。

## 二、版面网格与图形、文字

当页面要素中加入图形时，要以图形的外形来决定版面网格的变化。首先考虑图形是按网格要求放置，还是随图形的尺寸决定网格。不同图形之间的组合策略，要兼顾到图形与文字以及版面负空间的互动关系。图形的面积、比例及外形远比字面来得复杂，如何借助版面网格与字面有效互动；怎样使要素之间产生对比和谐、富有逻辑性的版面组合关系，是整个版面编排过程中最重要的课题（见图 5－18）。

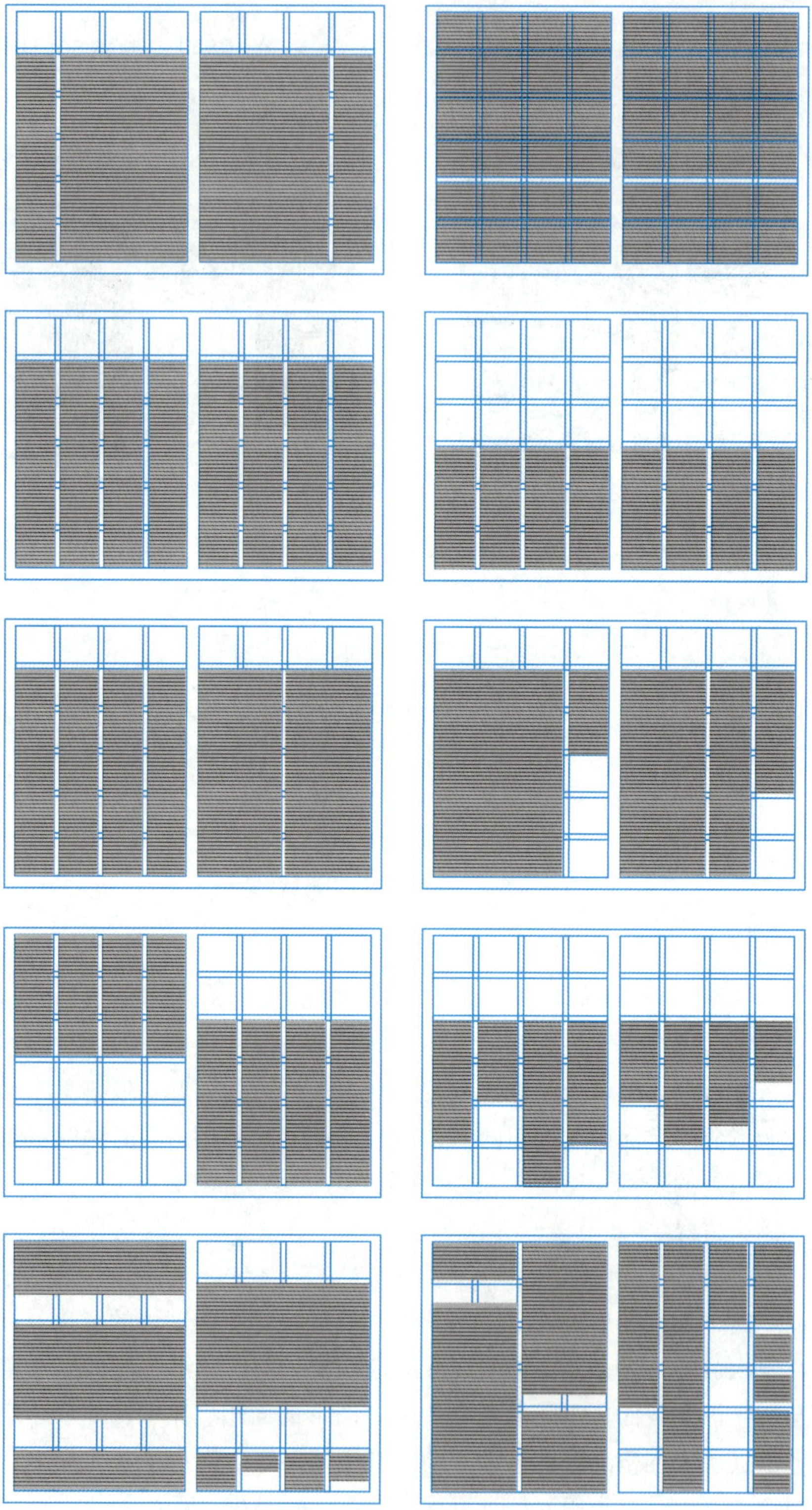

图 5 - 17　常用版面网格模块结构

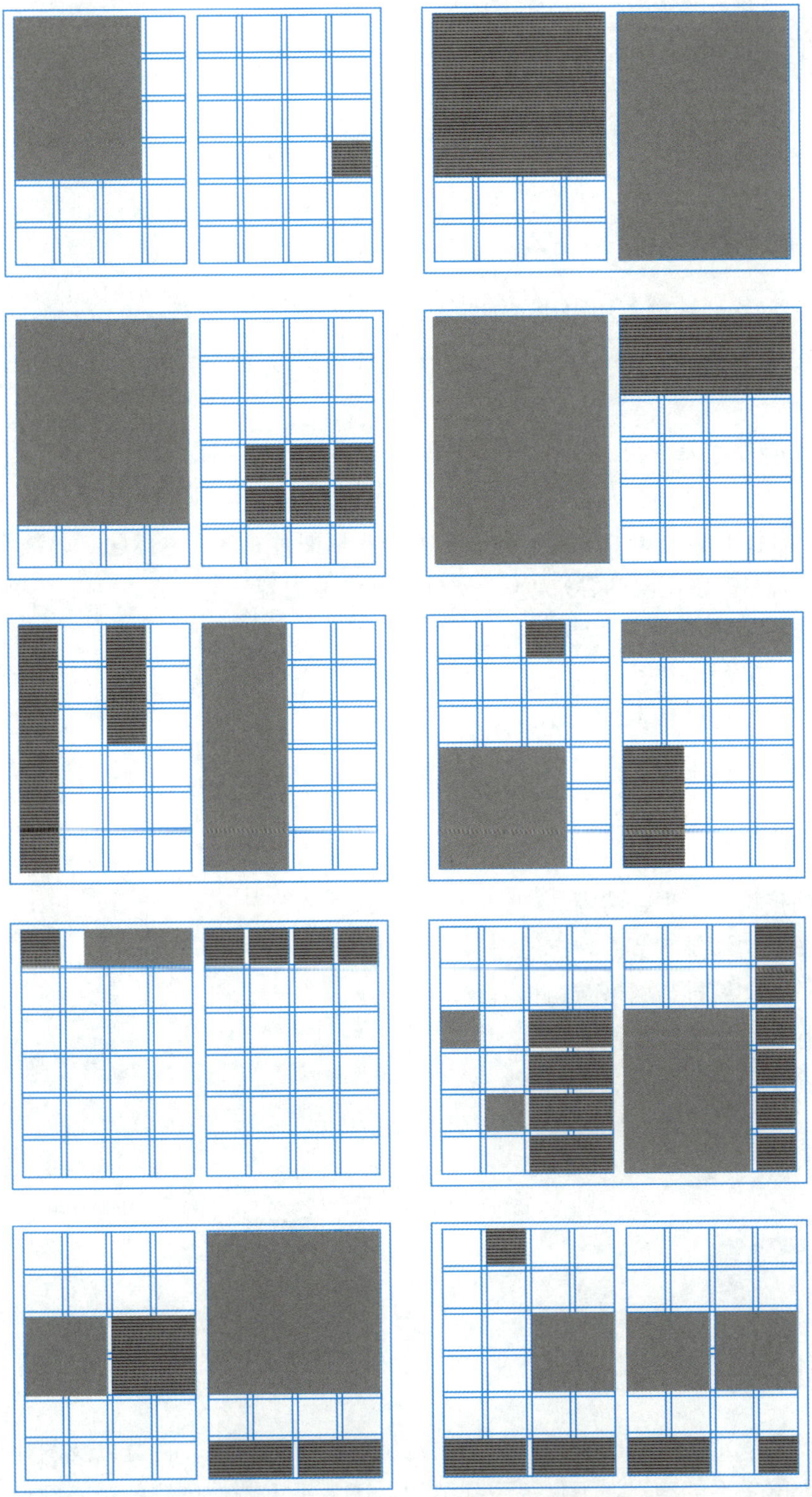

图 5-18 常用图形与版面网格模块结构

## 实践作业

### 版面网格编排设计

#### （一）作业要求

按版式网格的构成方法完成下列作业内容

（1）完成1张报纸的（美院人）版面设计，尺寸为390 mm×540 mm，白边为10 mm。

（2）上海工艺美术职业学院单页宣传广告再设计；2张［尺寸：A3（297 mm×420 mm）］

［广告内容不少于6个标题、6段正文和6幅图片；A. 主标题（一级学院内容） B. 副标题（二级学院内容） C. 次标题（专业内容）］

（1）原栏编排；

（2）并栏并段编排；

（3）跨栏跨段编排；

（4）破栏破段编排。

#### （二）成果要求

（1）网格设计合理、清晰；

（2）图、文编排有节奏，有层次；

（3）图、文编排与网格结构相一致；

（4）版面结构简洁明快。

#### （三）作业规格

尺寸：A4画幅。

## 拓展阅读

### 一、版心网格划分的传统方法

版心网格规定了版面的页边距、印刷范围、栏数、栏高、栏宽以及图片位置等要素关系。要素关系的确立，不仅关系到结构，还关乎审美。传统的版心网格由于其基于数理的创建方法，时至今日仍对我们具有重要的借鉴作用。

## （一）几何版心网格

几何版心网格是采用几何分配而不用经过测量就可得出结果的绘制方法。其基本方法如下：首先创建宽度和高度比为 2∶3 的页面。画出跨页对角线 1 和 2，画出下角至装订线的对角线 3 和 4，在右页上的对角线的交点处，画出一根向上垂直线 5。并由 5 线与页面顶部的交点，画出一根与 1 和 3 交点的连线 6。在右页的 6 和 4 的交点处画一根向右的水平线到对角线处，就此确立版心网格的顶部。接着画出右边与页边平行的垂直线与装订线的对角线 4 相交，在所得到的定位点上完成余下的版心网格的绘制（见图 5－19）。

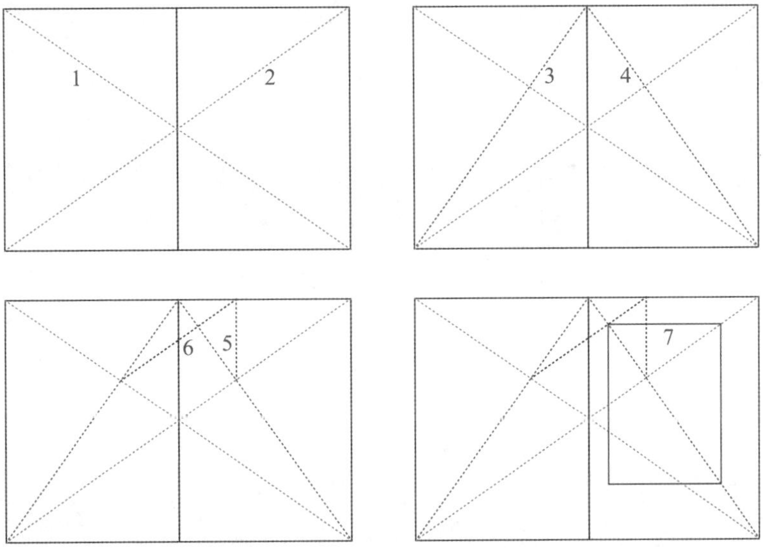


图 5－19 几何版心网格

## （二）根号版心网格

根号版心网格是在矩形内分割几个等比例矩形来进行划分的方法，比如根号二矩形（分为两个矩形）根号三矩形（分为三个矩形）根号四矩形（分为四个矩形）等。根号三矩形的版心网格架构的基本方法如下：首先画出装订线及左右对开的页面。接着画出打开页及左右页内的对角线，并画出与对开页对角线中心点相交的水平线。以左右页内的对角线与水平线的交点 1 与 2 为圆心画两个小圆，再以打开页对角线交叉点为圆心画一个大圆。在左页上以大圆与小圆的交点 3 画一根向上与页边平行的垂直线与对角线的交点 4，再从点 4 画一根向右的水平线与内页对角线交点 5，以此方法完成其余版心网格（见图 5－20）。

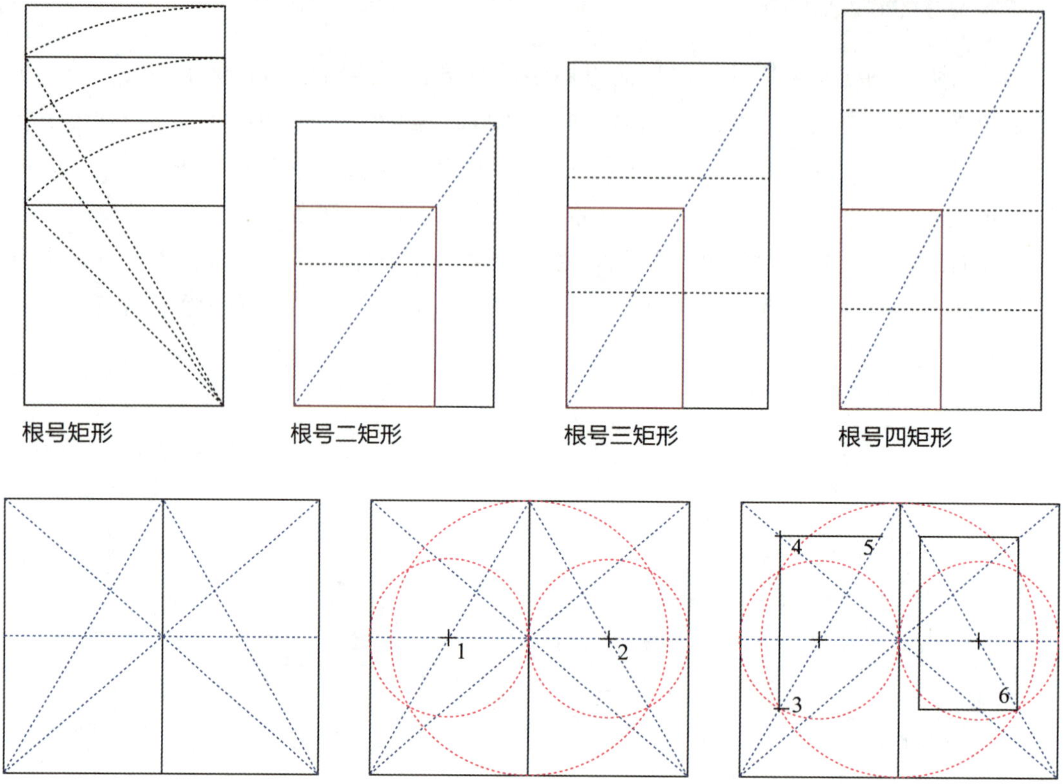


根号三矩形的版心网格架构

图 5-20　根号版心网格

# 第六章

# 版面的连续页设计

连续页版式一般是为了表现事物（信息主题的故事性）的来龙去脉及因果关系而形成的版面的结构形式。以“故事”的开始、发展、结局的变化为轨迹，有效展现连续性与多样性是该类版式设计的基本特点。连续页就其版式结构而言，更多地呈现出类似影视画面所特有的连续与变化的视觉特点。如图 6－1、图 6－2 所示，读者在阅读

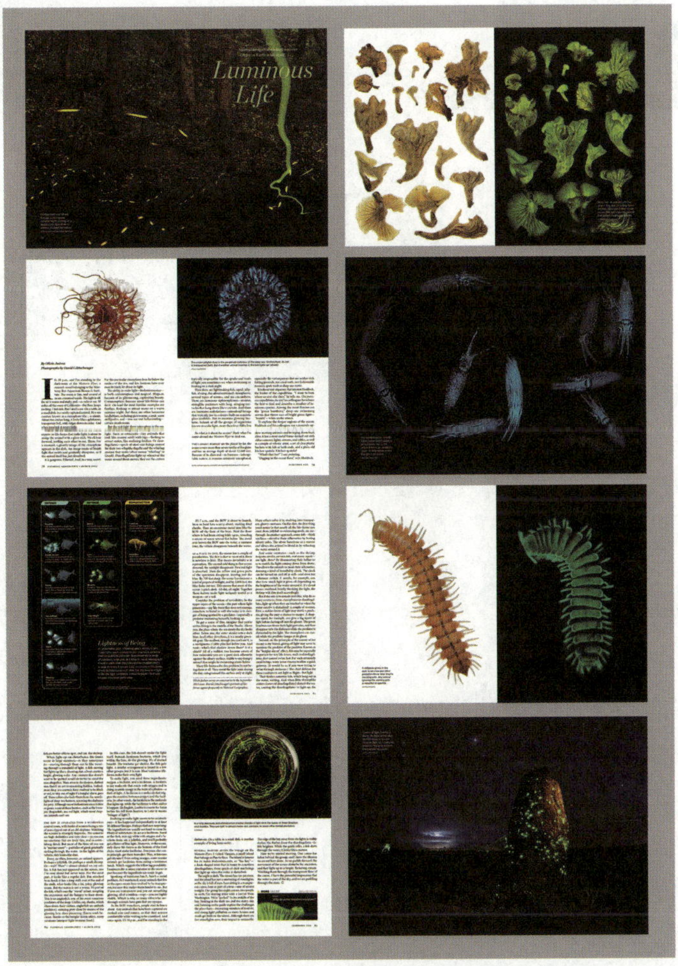


图 6－1　连续页版式范例 1

图片来源：《国家地理》（美国版），2015 年 3 月刊

连续页版面时，其视线不再是停留在某一版面上，而是随着版面内容的变化产生视线移动，这种移动首先感受到的是页面的整体结构，随后才会依照视觉规律从左至右，由大及小，由粗及细地形成阅读的过程。因此在进行连续页版面设计时，控制视觉的速度与节奏变化是连续页版式“动线设计”的前提；快与慢、静与动的不同表达，显示着情节的起伏变化，起到调动读者阅读兴趣的目的。

在连续页版式设计时需要保持所有页面间的连贯性与一致性，以免阅读中产生不必要的停顿与割裂。在连续页版式中建立连续视觉感的基本方法就是建立版面结构上连贯性变化（如：大与小、多与少、深与浅、动与静、曲与直等），以及建立版面内容形式一致性变化（如：相似版式、相似符号、重复的线条、类似的图形、相同色块等）。通过连续视觉化的方式来吸引读者的注意力、提高读者理解度，是连续页版式设计的关键。

图6-2 连续页版式范例2
宣传页设计 设计者：张勇

连续页版式内容一般可细分为以文字为主的连续页版式和以图片为主的连续页版式两大类。

以文字为主的连续页版式设计中，各个页面中占据主体地位的文本段落之间的分布关系与相互联系起到了最主要的引导衔接作用（见图 6-3）。

在以图片为主的连续页版式设计中，文字一般极少，画面中大量的图片占据主体位置，因此为了形成连续性的阅读体验，图片相对位置、尺寸、轮廓以及相应的编排就需要进行整体的考虑与设计（见图 6-4）。

图6-3 以文字为主的连续页版式

画册版式设计 设计者：张勇

图6-4 以图片为主的连续页版式

图片来源：*H. Magazine*，总 102 期

# 第一节　建立连续页构成要素间变化的流畅性（排序、速度）

连续页版式设计的前提是根据信息主题内容决定页面的数量，其次根据版面数确定连续页版式的渐进变化速度，这种渐进变化速度可建立在版面结构上，也可以建立在版面内容形式上。这种变化速度是基于读者对连续结构的视觉变化识别能力上的节奏控制。页面数少可节奏快些，而页面数多的可节奏慢些。

## 一、建立在版面结构上的连贯性变化

### （一）栏目结构变化

主要针对以文本段落为主体的连续页设计，在设计中结合整体连续页的编排关系，合理调整不同页面的文本栏目的高低、宽窄以及分栏数量等，最终达到系列页面的自然节奏变化（见图 6－5）。

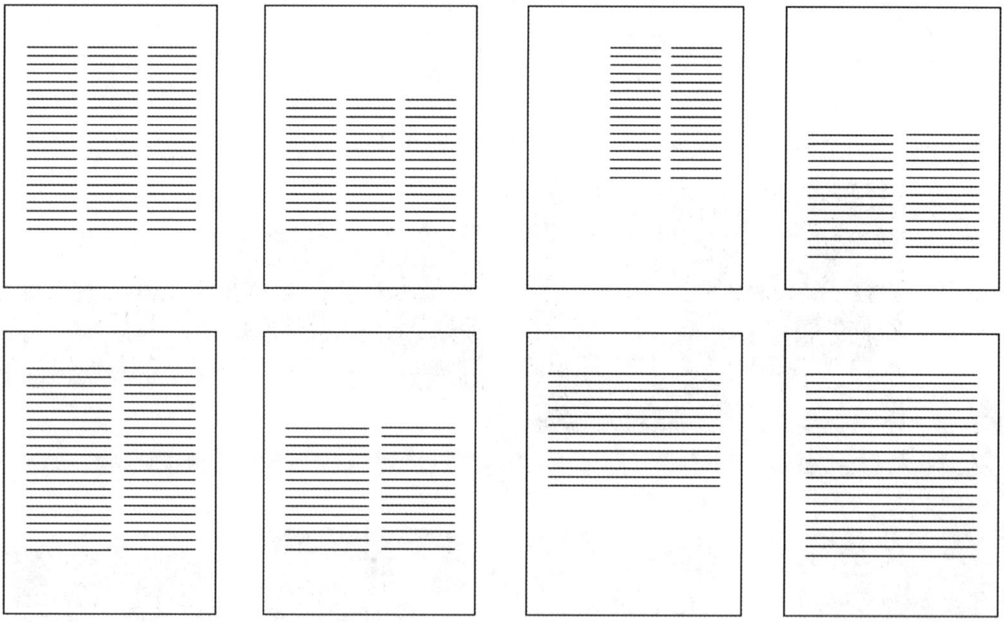

图 6－5　连续页栏目结构变化

### （二）文字、图形的位置变化

在以图形为主体，或者图文结合的连续页设计中，由于图形自身的特性，相对文本段落而言，图形更具有注目性，更易成为版面焦点，因此在这一类版面设计中，为了确保整体页面的前后关系一致，需要首先确定连续页中的图片位置，通过每个页面的图形位置、尺寸、方向的变化来引导读者。同时文字也随着图形的变化相应调整，形成完整的韵律（见图 6 - 6）。

图 6－6 连续页文字、图形的位置变化

### （三）总体正负空间关系的渐进次序变化

除了单纯地通过文本段落与图形的变化调整，形成连续页感觉的方法以外，还可以通过调整整体版面与标题、图形、文字之间的相对正负空间来对版面关系进行影响，通过对正负空间关系的变化、收缩、转折来形成连续页的节奏关系（见图 6 - 7）。

### （四）版面的文字、色块的关系变化

除了以上方式以外，在连续页设计中，还可以有意识地增加色彩模块，通过一系列色彩模块与版面文本段落形成一组相对关系，通过这组关系的相对变化来形成相应的韵律感与节奏变化（见图 6 - 8）。

## 二、建立在版面内容形式上的一致性变化

所谓建立在版面内容形式上的一致性变化，就是指在一个连续页的设计当中，有一个自始至终都存在，同时还占据重要地位，较瞩目的内容元素。这个元素可以是一

图 6-7　连续页总体正负空间关系的渐进次序变化

图 6-8　版面的文字、色块的关系变化

个背景、一组色彩、一系列图片；等等，当对这个元素进行规律性的变化调整时，整个连续页设计的版面效果也会相应地产生连贯性的规律变化。

## （一）色彩的规律性变化

作为版式设计中最引人注目、最易成为视觉焦点的色彩元素，可以带来最直接的规律性变化。当一个连续页设计中，背景的色彩或者页面中的一组组调关系进行规律性的变化时，连续页整体的韵律感就会显得格外突出（见图 6－9）。

图 6－9　色彩的规律性变化

## （二）文字、图形的空间远近变化

在一个连续页设计中，占据主体位置的图形通过裁切的方式进行视角的变化时，比如同一张照片，视距由远及近，从全景过渡到局部细节，或者说同一个观察对象，从正视图过渡到侧视图、仰视图甚至俯视图，带来了连续页中主体元素的空间变化或者视角变化，就能够给整个连续页设计带来一种动态的观察感受，并形成相应的节奏变化（见图 6-10）。

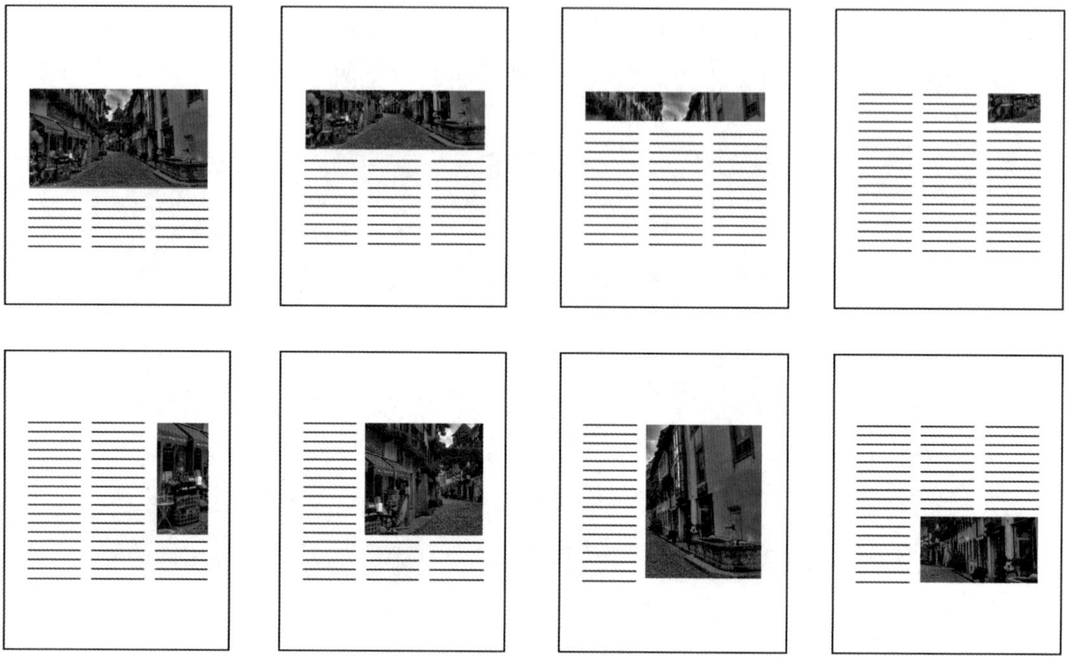

图 6-10　文字、图形的空间远近变化

## 第二节　建立连续页起承转合的叙述性（故事）

连续页版式设计除了建立在版面结构与内容等外在形式上的改变，也需构筑连续页版式内在的叙述性即由开始、发展、结局所形成的故事脉络。这种脉络可以由不同的页面来分别承担。连续页版式具有多视角叙述"故事"的结构特点，这就是说连续页版式不仅适合单一的叙述视角，更擅长表现复杂多变的叙述视角。让读者通过依次阅读这种多视角叙述版面，仿佛亲历了整个"故事"。因此如何进行连续页版式的布局就显得尤为重要。

### 一、建立段落式的版面故事结构

段落式的版面故事结构，指在连续页版面的设计编排中，以观察事物的开始、发展、结局作为故事脉络设置一条虚拟"动线"，整体遵循三个主要的故事段落。

（1）介绍事物：通过文字介绍或者合适的图片吸引读者的注意。

（2）叙述事件：通过较详尽的方式阐述事件或者观察对象的详细信息，让读者对版面主题或者主体对象获得足够多的信息。

(3) 熟悉事物：在获得足够信息的基础上对对象进行全面的展示，完善各方面的细节与补充说明。

这样三段式的故事结构，能够很流畅地带动读者对版面主题进行全方位、立体式的了解，适合于商业产品的展示介绍连续页面设计（见图 6－11）。

À Anglet, la nouvelle salle de spectacle Quintaou marque son territoire. Un lieu convivial conçu par les architectes Isabel Herault et Yves Arnod.
LE QUINTAOU NOUVEAU THÉÂTRE D'ANGLET
THE QUINTAOU: A NEW THEATRE FOR ANGLET
In the town of Anglet, the new theatre, Quintaou, is marking its territory. A wonderful space created by Isabel Herault and Yves Arnod.
52 | intramuros 174
ARCHITECTURE 50>53

图 6－11 建立段落式的版面故事结构

图片来源：杂志版式设计 *Intramuros*，总 174 期

## 二、建立多视角与多方向的版面故事结构

多视角与多方向的版面故事结构的核心是通过观察视角与空间关系的变化，来建立连续页的故事关系，这种相对的空间关系针对版面设计的主题或者主体介绍对象，可以是单纯的方向性变化转换，也可以由远至近，由外及内，形成从宏观到微观的变化。

### 1. 以由上及下、由左及右的版面编排方向的轮换更替作为故事脉络设置“动线”

由上及下、由左及右的版面编排方向就是主要从空间的方向与视角变化入手，形成整个连续页设计中的故事脉络转换（见图 6－12、图 6－13）。

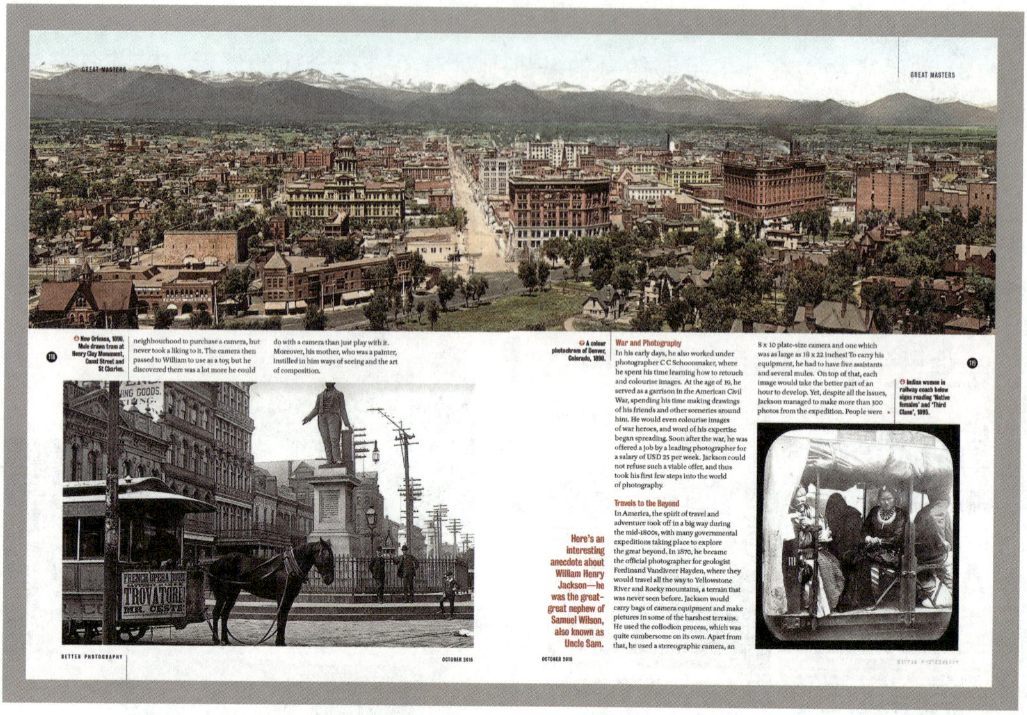
GREAT MASTERS
Here's an interesting anecdote about William Henry Jackson—he was the great-great nephew of Samuel Wilson, also known as Uncle Sam.
War and Photography
Travels to the Beyond

图 6-12 由上及下的版面编排方向

图片来源：*Better Photography*，2015 年 10 月刊

Money for Nothing
Claire Danes and John Krasinski star in the Public Theater's *Dry Powder*, a vicious and hilarious drama skewering the people who skewer our global economy. By Adam Green. Photographed by Steven Klein.

图 6-13 由左及右的版面编排方向

图片来源：*VOGUE*，2016 年 3 月刊

### 2. 以由外及里、由大及小、由粗及细的版面空间变化作为故事脉络设置“动线”

由外及里、由大及小、由粗及细的版面空间变化突破了单纯的视角与方向，整体的动线从外在的宏观视角转换至内在微观视角，形成更深入的故事脉络关系，在整个版面的效果上，表现更为丰富（见图 6－14 至图 6－16）。

图 6－14　由外及里的版面空间变化

图片来源：*Intramuros*，总 174 期

图 6－15　由大及小的版面空间变化

图片来源：*Intramuros*，总 174 期

图 6－16　由粗及细的版面空间变化

图片来源：*EBEN*，总 51 期

# 第三节　连续页的编排设计

## 一、故事叙述与版面的节奏

任何的连续页设计追求的都是通过读者阅读的累积体验有效地进行信息传播。其中组织素材—搭建框架—叙述故事是搭建连续页版面结构的主要方式。

组织素材：组织条理的设计，让读者迅速了解阅读价值。

搭建框架：情境设计，营造符合内容表达的故事氛围。

叙述故事：用直观与生动的方式表现故事。

连续页版式设计通常用一组文字与图片来叙述一个事件（故事）或主题，受版面页数的限制，因此每个版面之间连续变化的节奏感与韵律感就显得尤为重要，既要有起承转合，又要紧凑有致，呈现有规律的节奏变化。连续页版式设计中，版面的构成形态必须按照一定的视觉规律，有秩序并具有重复性地连续排列，形成一种有节奏的秩序感，唯有如此才能增强连续页版面的可读性与趣味性，增强读者对连续页版面的阅读体验。

### （一）故事性连续页版式

连续页版式大部分是叙述一个内容简单、情节紧凑的故事。这类连续页版式一般都以线性叙事结构展开故事的前因后果。版面结构单纯，视觉效果鲜明（见图 6 - 17）。

图 6 - 17　故事性连续页版式范例

图片来源：《国家地理》，2015 年 3 月刊

## （二）形式性连续页版式

文字与图片在版面上呈现出一种有规律、有起伏的变化，犹如音乐的旋律般跌宕起伏。在这种无声的节奏变化中，读者阅读如同感受到了文字与图片间的舞蹈，体验视觉美感与乐趣（见图 6－18）。

图 6－18 形式性连续页版式范例

杂志版式设计 设计者：Hulsbosch

## （三）连续页版式设计

连续页版式设计最有效的方法是预先勾画出一系列版面草图，这样有助于设计者理清思路并进行宏观调度、故事流程、段落分配、叙述角度、故事高潮安排、跨版的大图、小幅插图、版面联系、画面过渡、结尾处理（见图 6－19）。

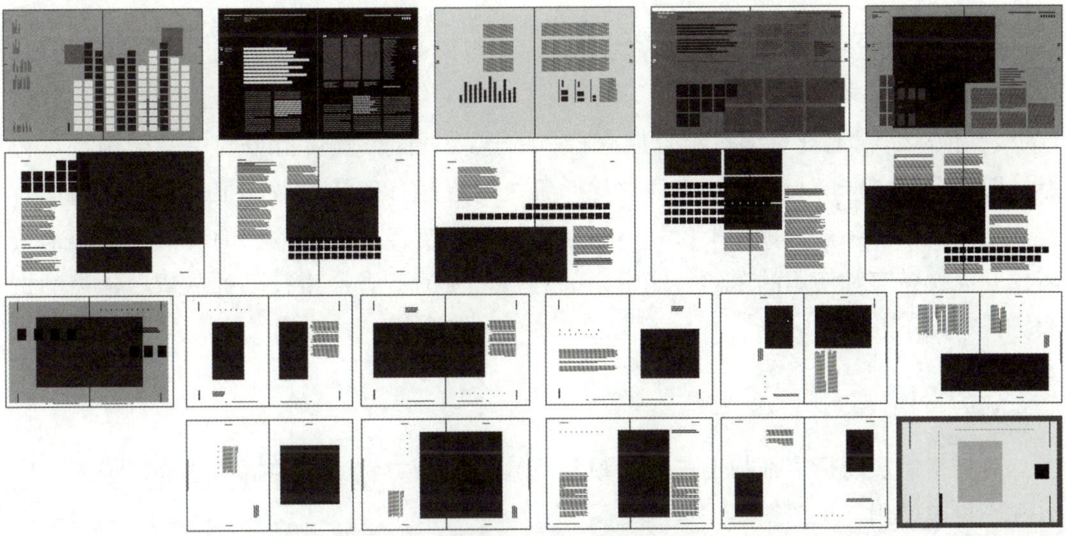

图 6－19 常用连续页版式设计结构

## 实践作业

### 连续页编排设计

（一）作业要求

按版式连续页的构成方法完成下列作业内容

完成两张企业样本的版式设计、企业年报的版式设计。

（二）作业规格

尺寸：A4 画幅。

## 拓展阅读

### 一、广告宣传折页（poster foldout）

广告宣传折页是企业为了扩大影响力而做的流动宣传（DM）广告。宣传折页适用于内容页数不多、不方便装订且需彩色印刷的单张宣传页，这种单张宣传页经折叠后其版式结构又类似于书籍，既有完整封面，又有具体的内容。宣传折页以新颖别致的开本及折叠方式见长，其常见的形式一般分为二折页、三折页及多折页等，主要采用的折叠方法都为“平行折”和“垂直折”两种，并由此延伸出多种折叠形式。

宣传折页的主要表现内容通常是有关企业与产品的介绍。以企业与产品的资格、规格、规模、信誉、生产、服务、联系方式等相关信息为设计的主要“动线”，并按“动线”依次将视觉资料编排组合成有特色的连续页面。宣传折页的主要结构特点包括：赋予公司（产品）令人难忘的视觉形象；创造拥有感知价值的推销方式，与读者建立情感上的联系；以更加形象具体的方式，向预期客户展现他们的价值；引导消费者感知需要持有和使用的东西所能带来的利益，使消费者产生行动的欲望。常见的折页方式有以下几种。

（一）对折

对折指每次的折痕都与上一次折痕相垂直的折页方法。这类折法适合于请柬、广告和小指南使用（见图 6－20）。

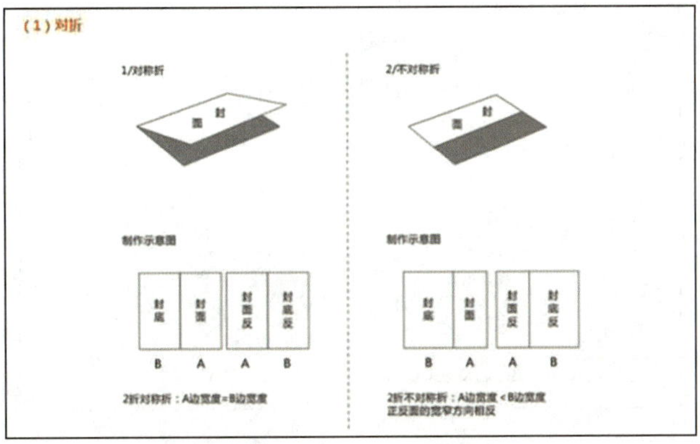


图 6－20　对折结构

### （二）滚折

滚折指折页时的前一折和后一折的折痕呈平行状的滚动折叠的方法。滚折多用于较长的页面或纸张较厚的印刷品，适合展开式信息的宣传（见图 6－21）。

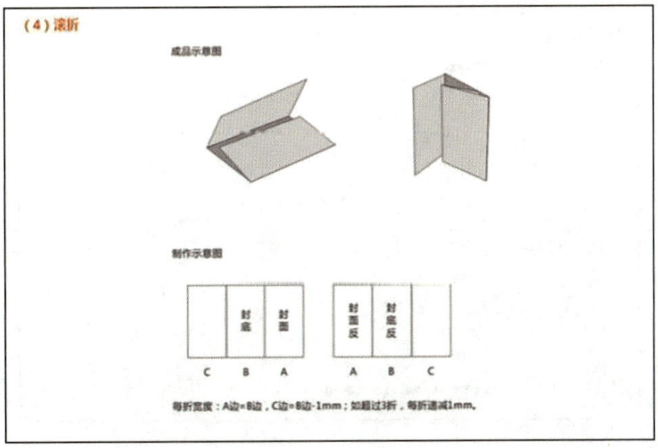


图 6－21　滚折结构

### （三）风琴折

风琴折指前后折痕相平行且相邻两折痕的折叠方向正好相反的一种折页方式。印刷品折完后形如风琴，由此得名。风琴折有着清晰的双面的特点，比较适合平行层次信息的宣传（见图 6－22）。

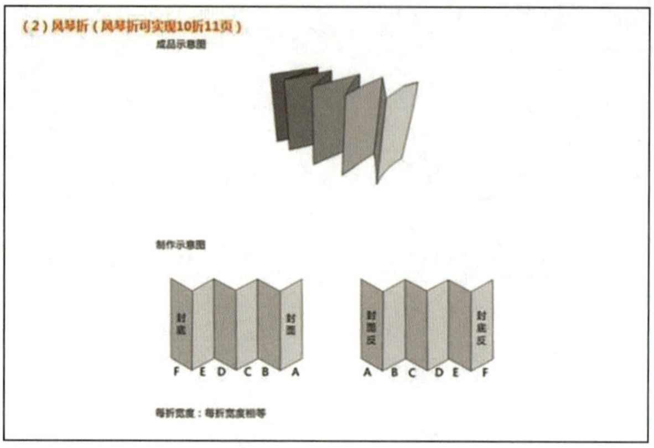


图 6－22 风琴折结构

## （四）关门折

关门折一般是对称的，折叠方法是将两个或更多的页面从相反的方向向中心折去。左右两翼向内折页，正好拼合成一张完整的跨页全景拼图，适合表现整体画面的宣传内容（见图 6－23）。

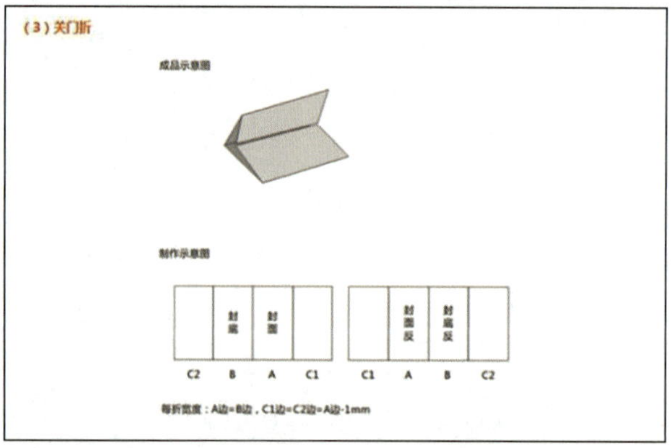


图 6－23 关门折结构

每一种折页形式最终呈现的效果不同，需要在具体的设计中结合实际主题需求、成本预算和效果需求综合考量，进行选择（见图 6－24）。

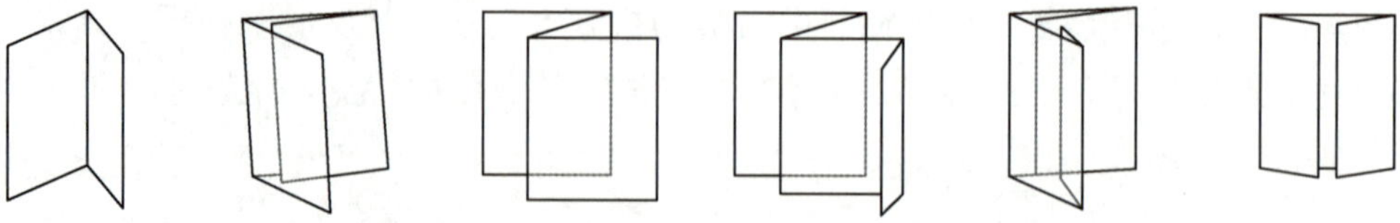

对折(2折)　卷心折(3折)　风琴折(3折)　风琴折(4折)　关门再对折(4折)　关门折(3折)

图 6－24 各类折页形式对比

# 参考文献

[1] （日）佐佐木刚士．版式设计原理［M］．武湛，译．北京：中国青年出版社，2007.

[2] （美）萨马拉．出版物设计完全手册［M］．隋荷，译．大连：大连理工大学出版社，2007.

[3] （美）安布罗斯，（英）哈里斯．版式设计［M］．刘清，朱飚，译．北京：中国青年出版社，2008.

[4] （美）John McWade．超越平凡的平面设计：版式设计原理与应用［M］．候景艳，译．北京：人民邮电出版社，2010.

[5] （德）汉斯・鲁道夫・波斯哈德．版面设计网格构成［M］．郑微，杨翕丞，王美苹，译．上海：上海人民美术出版社，2020.

[6] 加文・安布罗斯，保罗・哈里斯．国际平面设计基础教程：版式设计（第 2 版）［M］．詹凯，蔡峥嵘，译．北京：中国青年出版社，2011.

[7] （日）Designing 编辑部．版式设计［M］．周燕华，郝微，译．北京：人民邮电出版社，2011.

[8] ArtTone 视觉研究中心．版式设计从入门到精通［M］．北京：中国青年出版社，2012.

[9] （美）贝斯・托恩德罗．破译网格设计［M］．潘克建，赖桃译．南宁：广西美术出版社，2012.

[10] （美）戴维・达博纳．英国版式设计教程［M］．彭燕，译．上海：上海人民美术出版社，2014.

[11] SunI 视觉设计．版式设计法则［M］．北京：电子工业出版社，2016.

[12] （英）加文・安布罗斯，保罗・哈里斯．版式设计完全手册［M］．黄舒梅，译．北京：中国青年出版社，2017.

[13] （瑞士）约瑟夫・米勒-布罗克曼．平面设计中的网格系统［M］．徐宸熹，张鹏宇，译．上海：上海人民美术出版社，2017.

[14] （美）金伯利・伊拉姆．网格系统与版式设计［M］．孟姗，赵志勇，译．上海：上海人民美术出版社，2018.

[15] （英）安德鲁・哈斯拉姆．书籍设计［M］．王思楠，译．上海：上海人民美术出版社，2018.